自动化专业学生创新能力培养模式研究

王宏宇　著

机 械 工 业 出 版 社

本书是一部专注于探讨和分析如何系统地提升自动化专业大学生创新思维和实践能力的专著，旨在为高等教育机构开展学生创新能力培养研究与实践提供参考。

本书首先介绍了自动化专业学生创新能力培养相关的概念和理论。然后介绍了国内外大学生创新能力培养的现状、经验和不足，提出了自动化专业学生创新能力培养模式的构建路径。最后以作者所在学校为例，详细介绍了自动化专业学生创新能力培养的实践经验。

本书不仅适合高等教育研究者、教育政策制定者和教师阅读，也可为致力于提升自身创新能力的自动化专业学生提供参考。

图书在版编目（CIP）数据

自动化专业学生创新能力培养模式研究 / 王宏宇著 . —北京：机械工业出版社，2024. 6

ISBN 978-7-111-75915-7

Ⅰ. ①自…　Ⅱ. ①王…　Ⅲ. ①自动化技术–教学研究–高等学校　Ⅳ. ①TP2

中国国家版本馆 CIP 数据核字（2024）第 105852 号

机械工业出版社（北京市百万庄大街 22 号　邮政编码 100037）
策划编辑：杨　琼　　　　责任编辑：杨　琼
责任校对：曹若菲　牟丽英　　封面设计：马若濛
责任印制：张　博
北京建宏印刷有限公司印刷
2024 年 7 月第 1 版第 1 次印刷
184mm×260mm · 10. 5 印张 · 218 千字
标准书号：ISBN 978-7-111-75915-7
定价：79. 00 元

电话服务　　　　　　　　网络服务
客服电话：010-88361066　　机　工　官　网：www. cmpbook. com
　　　　　010-88379833　　机　工　官　博：weibo. com/cmp1952
　　　　　010-68326294　　金　　书　　网：www. golden-book. com
封底无防伪标均为盗版　　机工教育服务网：www. cmpedu. com

前　言

创新是推动人类社会进步与国家兴旺发达的重要动力，如今，在信息化时代下，创新更是彰显出了其时代价值，成为大势所趋。而创新能力则是创新的核心，为创新活动的开展提供了基础。作为社会发展的中坚力量，青年大学生创新能力培养成为了社会各界关注的焦点。创新教育观认为，教育不仅要向学生传授知识，还要注重知识创新、技术创新、管理创新以及能力创新。自动化专业学生应该具备较强的实践技能，在制定培养目标的过程中不能仅仅要求学生掌握必要的自动化领域知识和技能，还必须要培养学生的综合能力，尤其是创新能力。只有这样才能保证学生能够满足不断进步的知识经济时代的要求和日后事业发展的需求。基于此，本书对自动化专业学生创新能力培养的各个方面展开了系统的理论研究与实践探索，以期为自动化专业学生创新能力的进一步提升提供参考依据。本书分为六章，第一章为导论，对研究背景、国内外研究现状、研究目标、研究内容以及研究方法等进行简要概述。第二章为相关概念及理论基础，对自动化专业、创新能力、培养模式的内涵进行解析，阐述了本书研究的理论依据，明确了大学生创新能力培养的重要意义。第三章为国外大学生创新能力培养模式经验及启示，对美国与英国大学生创新能力培养模式进行对比分析，并总结相关成功经验。第四章为自动化专业学生创新能力培养的现状，对自动化专业学生创新能力培养经验进行阐述，从理论与现实两个角度分析了影响自动化专业学生创新能力培养的因素，重点探索自动化专业学生创新能力培养存在的问题及成因。第五章为自动化专业学生创新能力培养模式的构建路径，罗列了当前自动化专业学生创新能力培养的主要模式，提出了相应的保障措施与运行规则。第六章介绍了笔者所在学校自动化专业学生创新能力培养的实践经验，以为相关院校开展学生创新能力培养提供借鉴。

自动化专业学生创新能力培养模式是一个理论性与实践性较强的研究课题，经过多年的研究积累，国内关于自动化专业学生创新能力培养模式的研究成果十分丰富，研究方法也十分多样化，本书由于篇幅限制以及本人研究能力有限，对自动化专业学生创新能力培养模式的研究仍然存在一定的不足之处，还需要在日后的研究中进行更加全面的构建，希望在将来的研究中能够给予弥补。

本书由北华航天工业学院王宏宇著。笔者开展的相关研究工作得到了河北省高等教育教学改革研究与实践项目：新工科背景下自动化专业创新人才培养模式研究与实践（项目编号 2022GJJG361）、河北省省级创新创业课程：电气控制与 PLC（项目编号 CXCYKC-2023-17）、北华航天工业学院本科教学研究与改革项目重点项目：新工科背景下自动化专业实践教学体系构建与实施（项目编号 JY-2024-01）等项目的支持。在写作过程中，笔者参阅了相关文献资料，在此，谨向其作者表示诚挚的谢意。由于水平有限，书中疏漏和不足在所难免，恳请广大读者批评指正，并衷心希望不吝赐教。

目　录

前言

第一章　导论 …… 1

第一节　研究背景和现状 …… 1

一、研究背景 …… 1

二、政策导向 …… 2

第二节　国内外研究现状综述 …… 3

一、国外研究现状 …… 3

二、国内研究现状 …… 4

第三节　研究目标和内容 …… 6

一、研究目标 …… 6

二、研究内容 …… 6

第四节　研究方法 …… 7

第二章　相关概念及理论基础 …… 8

第一节　核心概念界定 …… 8

一、自动化专业 …… 8

二、创新能力 …… 11

三、培养模式 …… 15

第二节　理论基础 …… 17

一、建构主义学习理论 …… 17

二、学生中心论 …… 19

三、能力本位论 …… 23

四、“做中学”理论 …… 25

五、多元智能理论 …… 27

六、人本主义学习理论 …… 29

第三节　大学生创新能力培养的重要意义 …… 31

一、促进学生全面发展的需要 …… 31

二、提升学生实践能力的重要方面 …… 33

三、实现我国现代化人才培养的需求 …… 36
第三章　国外大学生创新能力培养模式经验及启示 …… 42
第一节　美国大学生创新能力培养模式 …… 42
一、美国创新能力教育定位 …… 42
二、美国大学生创新能力培养体系 …… 43
三、美国大学生创新能力培养模式 …… 49
第二节　英国大学生创新能力培养模式 …… 51
一、英国大学生创新教育思想 …… 51
二、英国大学生创新能力培养课程结构 …… 54
三、英国大学生创新能力培养方式 …… 58
四、英国大学生创新能力评价体系 …… 61
第三节　美英两国大学生创新能力培养模式的启示 …… 62
一、创新教育思想强调学生独立思考 …… 62
二、建立完善的创新教育和评价体系 …… 65
三、创新教育的教学要和实践应用相结合 …… 66
第四章　自动化专业学生创新能力培养的现状 …… 69
第一节　自动化专业学生创新能力培养方面的经验 …… 69
一、重视程度提升，迸发社会创新活力 …… 69
二、建立众创空间，创造创新基础 …… 71
三、技能特色展现，学生实践锻炼有效 …… 72
四、课程设置渗透创新理念，设置独立创新部门 …… 74
第二节　影响自动化专业学生创新能力培养的因素 …… 76
一、影响自动化专业学生创新能力的理论因素 …… 76
二、影响自动化专业学生创新能力的现实因素 …… 78
第三节　自动化专业学生创新能力培养方面的不足 …… 81
一、创新政策引导不足 …… 81
二、课程设置不合理 …… 82
三、教师综合能力创新能力有待提高 …… 83
四、学生在实践课程中表现的实践能力和创新能力不足 …… 85
五、学生参与创新比赛较少 …… 87
六、校企合作创新创业项目不多 …… 88
七、学校的社会关注力度不足 …… 90
第四节　自动化专业学生创新能力培养存在问题的成因 …… 91

一、创新能力培养与社会经济结构优化认知脱节 …… 91
二、创新能力培养中对自动化专业学生时代使命感的培养不足 …… 92
三、对经济平稳健康发展和社会和谐稳定缺少危机意识 …… 94
第五章 自动化专业学生创新能力培养模式的构建路径 …… 96
第一节 自动化专业学生创新能力培养的主要模式 …… 96
一、“三元一体制”培养模式 …… 96
二、“1+2+1 以人为本”培养模式 …… 101
三、“学教研践”培养模式 …… 106
第二节 自动化专业学生创新能力培养模式的保障措施 …… 111
一、转变教育思想观念，树立新的创新能力培养观念 …… 111
二、基于自动化专业实际，构建适应的课程体系 …… 113
三、采用创新教学方法，运用创新教学手段 …… 113
四、构建实践教学机制，建立实践平台 …… 117
五、注重个性化管理，构建开放共享的保障体系 …… 117
第三节 自动化专业学生创新能力培养模式运行规则 …… 118
一、先进性规则 …… 118
二、真实性规则 …… 120
三、渗透性规则 …… 120
四、多元化规则 …… 121
五、系统化规则 …… 122
六、引领规则 …… 123
七、激励规则 …… 124
八、团队规则 …… 125
第六章 自动化专业学生创新能力培养的实践 …… 127
第一节 我校自动化专业在学生创新能力培养中存在的不足 …… 127
一、学校、专业简介 …… 127
二、我校自动化专业的办学定位、历史沿革与特色优势 …… 128
三、我校自动化专业在学生创新能力培养中存在的不足 …… 129
第二节 我校自动化专业学生创新能力培养的思路和举措 …… 129
一、我校自动化专业学生创新能力培养的思路 …… 129
二、我校自动化专业学生创新能力培养的具体举措 …… 131
第三节 “电气控制与 PLC”课程教研教改情况 …… 134
一、“电气控制与 PLC”课程教研教改情况简介 …… 135

二、"电气控制与 PLC"课程教学大纲 …… 137
三、"电气控制与 PLC"综合性实验教学案例示例 …… 142
第四节 我校自动化专业建设取得的成效 …… 151
一、师资队伍建设成效 …… 151
二、学生培养成效 …… 151
结语 …… 153
参考文献 …… 154

第一章 导论

第一节 研究背景和现状

一、研究背景

创新可以推动社会生产力的发展；可以激发人们的创造力和想象力，推动文化进步和文明发展；可以提供更好的产品和服务，提高人们的生活质量和幸福感；可以增强国家的军事实力和国际影响力，维护国家的安全和利益。因此，创新是引领发展的第一动力，推动了时代发展与历史进步。目前，一个国家创新能力的高低，成为影响其社会发展、国际竞争实力的重要因素。创新人才作为创新的主体，对整个国家的综合竞争力产生了关键的影响作用，是推动国家发展的第一资源。创新人才具备独特的创新思维和创新能力，在推动科技创新、开展产业升级、提升国家竞争力、促进经济发展和社会进步等方面发挥着关键作用。他们通过不断探索和实践，为我国的现代化建设提供源源不断的智力支持。同时，创新人才还能够培养更多的优秀人才，形成良好的人才培养机制，为我国的长远发展奠定坚实基础。改革开放以来，我国的经济建设取得了巨大的成就，经济总量目前已排在世界第二位，这是一个令人欣喜的成绩。然而，要想我国经济得到进一步发展，取得更大的成绩，就需要对经济发展方式进行改革与创新，对经济发展结构进行相应的调整，而这都离不开创新与创新人才的培养。这是本书研究创新能力人才培养的时代背景。

现阶段，创新教育成为我国高等教育改革的突破口。高等教育是推动全球经济发展的驱动力，承载着传承人类文明的重要使命，也是培养创新人才的重要阵地。美国率先将创新教育纳入高校教育体系[一]。1949 年哈佛大学商学院开设“创新管理”课程，

[一] 朱雅祺. 融媒体环境下的大学生创新能力培养研究 [D]. 乌鲁木齐：新疆师范大学，2019.

1973年美国东北大学第一个设立创业学学士学位。直到1986年迈阿密大学举办商业计划大赛（University of Miami Business Plan Competition），将创新教育推向美国各个大学院校。在美国已有1800所高校开展创新教育，开设创新课程超过2500门，超过277个创业学学位，已建立100余家创新教育研究中心，公开发行的创新相关学术期刊超过40种。在长期的探索中，美国形成“以学生为中心”和“三个结合”的创新人才培养模式。英国高校则将工作相关的学习纳入课程体系中，开设“关于创业”和“为了创业”两类创新教育课程，建立创新型和创业化的教师团队，将商业文化融入创新教育中。通过营造创新文化氛围，搭建创新实践的平台，推动创新教育不断发展。与此同时，英国将创新人才培养与互联网教育融合，实现高校间课程资源共享。我国于1999年举办了全国“创业计划大赛”，是我国创新教育的萌芽。2002年教育部选择清华大学、武汉大学、中国人民大学等高校作为了创新教育试点，引导这些高校开设相关的创新教育课程，并通过创新教育实践平台的搭建、创新组织机构的设立、科技创新比赛的组织等多种手段来进一步增强师生创新意识与能力。另外，采取弹性学制、创新实践学分等方式激励师生主动地参与到创新创业中去，通过科技创新来实现就业与创新。由此可见，通过对国内外高校创新教育实践探索的研究，可以看出创新教育是高等教育改革的突破口和重点内容，培养创新型人才是高等教育人才培养的主要目标，而培养大学生创新能力也必然成为高等教育改革继续要完成的历史使命。

二、政策导向

大学生创新能力的培养离不开政治支持。近些年，国家针对创新教育颁布了多项政策，如2015年国务院印发《中国制造2025》，强调创新是社会发展的中心。2016年，国务院出台了《国家创新驱动发展战略纲要》《关于建设大众创业万众创新示范基地的实施意见》等文件，推动了双创园区、创新示范基地的发展，使得双创教育理念得到了进一步贯彻与实施。2017年，国务院制定了《国务院关于强化实施创新驱动发展战略进一步推进大众创业万众创新深入发展的意见》（国发〔2017〕37号），指出要开展“双创”活动周，营造良好的创新教育氛围，为实现创新创业提供保障。随后，创新教育理念得到了社会的普遍认可。2018年，国务院颁发了《国务院关于推动创新创业高质量发展打造“双创”升级版的意见》（国发〔2018〕32号），构建了最为全面的创新创业政策体系，提出通过产学研用协同、线上线下结合等方式来优化创新创业环境。同年，教育部发布了《教育部办公厅关于做好2018年深化创新创业教育改革示范高校建设工作的通知》，要求建设创新创业教育优质课程，提升教师创新创业教育能力，并且开展“青年红色筑梦之旅”活动。2019年，教育部印发《国家级大学生创新创业训练计划管理办法》，强调遵循“兴趣驱动、自主实践、重在过程”的原则，推动高校创新创业教育改革，加强大学生创新创业能力培养。2021年，《国务院办公厅关于进一步支持大学生创新创业的指导意见》（国办发〔2021〕35 号）要求切实地提升大学生创新创业能力，将创新创业教育贯穿人才培养全过程，强化高校教师创新创业教育教学能力和素养培训，加强大学生创新创业培训，并且进一步优化创新创业环境。由此可见，国家高度重视大学生创新能力培养，旨在通过大学生创新能力培养实现就业，为大学生未来发展提供必要的保障。

而自动化专业学生创新能力培养有待国家和社会重视，自动化专业对于我国创新创业教育发展发挥着独特优势，能够为社会发展培养行业所需的专业人才，可以更好地满足当前市场和用人单位的需求。因此作为服务地方发展的人才培养基地，本科院校应该积极寻求自动化专业学生创新能力培养的有效路径，从而为地方经济发展输送专业性人才。因此，本书重点探索了自动化专业学生创新能力培养的有效路径，制定了自动化专业学生创新实践教育建设方案，以此实现创新型人才培养的目标。

第二节　国内外研究现状综述

一、国外研究现状

现代创新理论的提出者约瑟夫·熊彼特主要从经济角度探讨了创新的理论、作用和影响，其创新理论也影响到经济之外的领域，使人们对于创新观念发挥促进社会发展的功能不断加以重视，同时也引发人们对于人的创新能力培养的思考。其关于创新的阐述引起的社会性效果，也影响到学校对创新人才的培养的观念和实践。另外，彼得·德鲁克等国外学者开展了对于创新概念的探讨和创新价值的研究，创新理论和实践的发展得到不断地深入。这对于学校学生的人才培养走向，加重了来自创新角度的砝码。从 20 世纪中期，即 1950 年前后开始，美国哈佛大学 、加利福尼亚大学等知名高校都开展了创新能力培养的研究，成立了专门的研究和培养机构。这不仅体现创新理论对于西方人才培养和教育实践的影响，也说明学校对于人才创新能力的培养已经不是一个单纯的理论问题和观念问题。如今，众多国外学者对创新能力进行了相关研究，如 RPJ Rajapathirana 等人认为创新能力是创新人才思维能力的突出表现形式，能够充分彰显出创新人才的思维能力水平，要从抽象的角度来看待创新能力，在教学过程中要确保培养内容的抽象性，重点培养创新人才思维的深度与广度。H Gupta 等人提出大部分教师在理解与认知创新能力的过程中，普遍是从个体、环境等方面出发，使得教师关于创新能力的认知具有一定的片面性。M Smith 等人认为创新能力关注个体的原创性，注重个体想象能力的培养以及自我表达能力的提升。R Chandy 等人提出创新具有鲜明的特性，例如主动参与性、反应迅速、想象力丰富等，而自我表现欲望不足、胆怯、缺乏自主思考则是非创新的典型特征。M Parashar 等人认为学习活动本质上属于一种探究行为，学生在探索的过程中获得经验与能力，因此要针对性地培养学生进行研究时所具备的创新能力与自主能力，为学生提供更多自学时间。

二、国内研究现状

（一）关于创新能力培养的相关研究

白璐、刘浩然（2023）将理工类大学文科科研人员作为研究对象，指出理工科院校文科科研人员创新能力主要是由获取新知识、掌握新的研究方法、提出有价值的新观点、创造性研究成果等方面组成，而研究自主性、科研环境、平台环境、组织结构是影响其创新能力的重要因素㊀。王英等人（2023）认为细胞培养实验平台是大学生开展科技创新活动的重要平台，应该从细胞培养实验平台管理、创新实验室培训及准入流程、发挥高端仪器设备功能三个角度来切实地增强大学生的创新能力㊁。吕泽光（2023）提出互联网金融也与商业银行形成了相互竞争的局面，因其独特的优势，使得商业银行的利润空间被缩减，同时分流了其很大一部分的客户资源，面对互联网金融带来的挑战，商业银行不得不改变自己，提高自身创新能力㊂。彭楠、青海大学（2023）从企业的研究视角出发，总结了企业创新能力的影响因素，体现在宏观、中观与微观三个层面，宏观层面为政策形势、数字发展、政府支持，中观层面为环境规制、外部合作和市场竞争程度，微观层面为内部管理、资源投入、企业规模、产权性质和社会责任承担㊃。李丹（2022）认为对于高校美术教育来说，创新能力培养是学生艺术个性形成的关键，也是增强学生审美能力的关键，更是引导学生形成良好道德修养与正确三观的关键，因此必须要采取有效方式加强学生创新能力培养㊄。邵文武等人（2022）同样从企业的角度出发，认为国家坚持高质量对外开放，有助于推动形成国内外双循环的新发展格局，且这一效果会通过缓解企业融资约束达成。企业异质性分析发现，民营企业和大规模企业的创新能力提升更为显著㊅。

（二）关于自动化专业学生创新能力培养的相关研究

田小敏等人（2022）认为为顺利开展创新实践教育，培养具有专业基础扎实、职

㊀ 白璐，刘浩然．理工类大学文科科研人员创新能力建设［J/OL］．北京航空航天大学学报（社会科学版）：1-8［2023-11-16］．https：//doi. org/10. 13766/j. bhsk. 1008-2204. 2022. 1836.

㊁ 王英，李珍一，赵秋宇．基于大学生科研创新能力培养的细胞培养实验平台管理探索［J］．中国中医药现代远程教育，2023，21（23）：178-180.

㊂ 吕泽光．互联网金融对商业银行创新能力的影响研究［J］．商业观察，2023，9（32）：70-73.

㊃ 彭楠、青海大学．我国企业创新能力影响因素研究综述［J］．商场现代化，2023（21）：76-78.

㊄ 李丹．高校美术教育培养学生创新能力的策略探究［J］．鞋类工艺与设计，2022，2（24）：77-79.

㊅ 邵文武，刘佳，黄训江．双循环背景下企业创新能力研究——基于贸易自由化视角［J］．沈阳航空航天大学学报，2022，39（6）：87-96.

业素养好、实践能力强、发展后劲足的创新型自动化专业人才，必须要加强学生创新实践意识的培养，增强学生逻辑思维能力[一]。石荣亮等人（2021）以区级项目“便携式微型示波器”为例，提出大学生创新创业训练计划能够切实地增强大学生的创新意识与创新能力，从而为新时代国家建设培养高素质创新型人才[二]。马双蓉（2021）认为加强学生实践创新能力是电气工程及其自动化专业的一项重要任务，也是落实新工科要求的具体做法，对于自动化专业学生来说，要制定完善的人才培养方案，构建自动化专业实践教学体系，利用虚拟仿真技术丰富教学内容，以此推动自动化专业高质量发展，为自动化专业学生创新能力培养提供保障[三]。王咏梅、樊振萍（2021）提出随着国家经济的快速发展，科技创新人才的需求对各大高校提出了更高的要求，所以培养创新型人才成为衡量高校质量的一个重要指标。当前自动化专业创新实践课程存在一些问题，要围绕学生综合素质、创新精神、创新意识来构建创新实践体系[四]。任彦等人（2019）认为培养学生的综合素质、创新精神、创新意识和创新能力，已成为高校教学改革的关键和核心，培养创新型人才也成为衡量高校质量最重要的指标。在自动化专业学生创新能力培养中，要将学生作为中心，以成果为导向，立足于国家发展趋势以及社会、行业与企业发展需求，落实创新学分制度[五]。严兴喜（2017）认为经济发展对自动化专业学生创新能力培养提出了明确的要求，应该对学生各项综合能力进行有效培养，在国家大力支持下，倡导建设创新型的教学发展观[六]。裴洲奇、马振峰（2017）认为为了满足大连及瓦房店地区产业结构转型升级对创新型技能人才的需求，自动化专业可以通过校企合作完善校内外创新创业实训基地建设，对学生开展创新创业教育[七]。刘洋、苗百春（2017）认为目前国家在大力倡导万众创新，全民创业。基于此，应该重点培养自动化专业学生创新能力，从创新创业政策与机制、创新创业师资队伍建设、人才培养方案制定、创新实验基地建设、学生参加创新创业大赛等方面制定详细的培养方案[八]。

[一] 田小敏，杨忠，王逸之，等．应用型高校自动化专业学生创新实践能力培养研究［J］．科技风，2022（11）：22-24.

[二] 石荣亮，赵天翔，张烈平．培养自动化专业学生创新能力的实践与思考——以区级项目“便携式微型示波器”为例［J］．大众科技，2021，23（3）：92-94.

[三] 马双蓉．新工科背景下电气工程及其自动化专业学生实践创新能力培养［J］．中国设备工程，2021（4）：235-236.

[四] 王咏梅，樊振萍．自动化专业学生创新实践培养体系探索［J］．仪器仪表用户，2021，28（1）：111-112+72.

[五] 任彦，张晓利，王义敏．自动化专业学生创新实践能力培养模式研究［J］．中国现代教育装备，2019（11）：118-120.

[六] 严兴喜．自动化专业学生创新创业能力培养［J］．智库时代，2017（14）：84+87.

[七] 裴洲奇，马振峰．职业院校自动化专业学生创新创业能力培养的路径研究［J］．佳木斯职业学院学报，2017，33（10）：23+25.

[八] 刘洋，苗百春．自动化专业学生创新创业能力培养研究［J］．佳木斯职业学院学报，2017（1）：296.

第三节 研究目标和内容

一、研究目标

在21世纪，随着科技的不断发展以及知识理论的不断丰富，高校创新型人才培养成为重点内容。创新型人才是提升国际竞争力的关键，而创新能力作为其核心内容，应该受到社会各界的广泛关注。本书将理论与实际紧密结合在一起，对自动化专业学生创新能力展开了系统的研究，寻找有效的培养方案。本科院校自动化专业在我国经济发展中占据着重要地位，为了能够培养一批又一批的专业型技术人才，必须要加强对学生创新能力的培养。当前阶段，我国自动化专业学生创新能力培养存在各种问题，影响了自动化专业创新型人才培养的整体质量，为此，本书根据自动化专业学生的特性，围绕思想观念、课程体系、创新教学方法、实践教学机制、个性化管理等方面制定最佳的自动化专业学生创新能力培养方案，以期为我国自动化专业学生创新能力的进一步提升提供有价值的参考依据。

二、研究内容

本书研究内容体现在以下几个方面：

第一章，导论。对本书研究背景进行阐述，搜集与整理了国内外学者关于学生创新能力培养的相关理论研究成果，明晰了不同专家学者的态度，并对本书研究目标、研究内容、研究方法等进行简要概述，保证本书在研究过程中具有较强的理论依据。

第二章，相关概念及理论基础。首先对自动化专业、创新能力、培养模式的基本内涵进行解析，然后阐述了本书研究的理论基础，包括建构主义学习理论、学生中心论、能力本位论、“做中学”理论、多元智能理论、人本主义学习理论等，最后分析了大学生创新能力培养的重要意义。

第三章，国外大学生创新能力培养模式经验及启示。对美国、英国两个国家大学生创新能力培养的主要模式进行分析，在对比中获得一定的启示。

第四章，自动化专业学生创新能力培养的现状。对自动化专业学生创新能力培养的经验进行简要总结，从理论因素、现实因素两个角度研究影响自动化专业学生创新能力培养的因素，紧接着重点论述了自动化专业学生创新能力不足的主要表现形式，以及导致问题产生的原因，为对策的制定提供了依据。

第五章，自动化专业学生创新能力培养模式的构建路径。当前自动化专业学生创新能力培养的主要模式包括“三元一体制”培养模式、“1+2+1以人为本”培养模式、“学教研践”培养模式，基于此，本书围绕思想观念、课程体系、创新教学方法、实践教学机制、个性化管理等方面提出了自动化专业学生创新能力培养模式的保障措施，以及相应的运行规则，从而为自动化专业学生创新能力提升助力。

第六章，自动化专业学生创新能力培养的实践。介绍了笔者所在学校自动化专业学生创新能力培养的实践经验，以为相关院校开展学生创新能力培养提供借鉴。

第四节　研究方法

1）文献研究法。在马克思主义唯物史观和唯物辩证法指导的基础上，通过阅读马克思主义经典著作和习近平总书记关于创新的系列讲话，来探究创新能力的内涵、大学生创新能力内涵以及大学生创新能力的特点，总结自动化专业学生创新能力培养的必要性以及有效路径。

2）理论研究方法。在已有的客观现实材料及思想理论材料的基础上，运用各种逻辑和非逻辑方式进行加工整理，以理论思维水平的知识形式反映教育客观规律方法的总和。本书基于各种理论基础，对自动化专业学生创新能力培养的现实意义、问题及成因、保障措施等方面进行了深入探究，这些都是基于理论研究方法展开的。

3）辩证分析法。运用辩证唯物论和唯物史观立场，全面地分析自动化专业学生创新能力培养的过程中存在的问题以及解决方法，力求推动我国大学生创新能力培养的理论和实践的发展。

4）比较研究法。对美国和英国大学生创新能力培养模式进行了对比分析，从中获得了启示，选择适合我国大学生创新能力培养的成功经验，做到有的放矢。

第二章 相关概念及理论基础

2

第一节 核心概念界定

一、自动化专业

自动化专业是我国的普通高等学校本科专业，属于自动化类范畴，最早起源于设立自 1952 年的“工业企业电气化”专业，主要的支撑理论为自动控制理论，主要的技术手段包括电子技术、计算机信息技术等，旨在引导学生学习控制各类自动化装置及系统，体现的是计算机软硬件、机械与电子、元件及系统等的多元结合，是一种充分结合了控制、计算机、电气、机械的一体化综合性学科专业，对于学生的理论基础和实践技能掌握都有较高要求，同时也极其注重学生的创新能力培养。

（一）自动化专业的范畴与特征

自动化专业，作为工程学科的重要组成部分，有“行业万金油”之称，足可以见其在当下社会生产环境中的“领导”作用。自动化专业演变历程见证了科技革命的巨大推动力。自动化工程的核心概念不仅是技术与应用的堆砌，更是一个蕴含着创新、智能与社会变革的综合体。需要深入探讨自动化工程的演变历程，以理解其在不同阶段的发展与应用。

自动化工程最初的萌芽可以追溯至工业革命初期。在这个时期，机械化与电气化的引入彻底改变了传统的生产方式。机械化的机器取代了人的力量，电气化带来了更高效能源的应用。这些初级形式的自动化为社会产业带来了翻天覆地的变革。然而，随着科技的日新月异，自动化工程不再局限于简单的机械和电气领域。控制理论的崛起使得系统的监测与调控变得更为科学和精确。这个阶段标志着自动化专业逐渐超越了传统的工程学科，走向了跨学科融合的方向。控制理论的引入为自动化系统带来了更大的稳定性和灵活性。尤其是传感器技术的飞速发展为自动化工程注入了新的能量。传感器的广泛应用使得自动化系统能够实时感知周围环境的变化，使其更为智能和灵敏。这一阶段的自动化工程在感知和反应的速度上取得了重大突破，为更为复杂的生产和工业过程提供了强大的支持。进入 21 世纪，自动化专业迎来了人工智能和大数据的浪潮。智能化的自动化系统通过机器学习和数据分析实现了自我学习和优化，这使得自动化工程的范畴更加广泛，囊括了人工智能、深度学习、物联网、互联网+医疗等新兴领域[⊖]。这一阶段的自动化工程不仅是单一工程学科，更是与前沿科技的紧密结合，共同推动着科技的前进步伐。总体而言，自动化专业的核心概念经历了从机械化到智能化的演变，见证了科技不断前行的脚步。这一演变不仅推动了自动化领域的不断创新，也为解决当今社会面临的复杂问题提供了更为先进和全面的技术支持。自动化专业的发展不仅对产业与生产方式产生深刻影响，更为我们展示了科技与创新为社会带来的无限可能性。

自动化专业的学科特点首先体现在其“综合性”和“交叉性”上，作为一门综合性工程学科，自动化专业在学科体系中融合了机械、电气、计算机、通信等多门学科的知识[⊜]。这种综合性使得自动化专业的学生需要具备广泛的知识维度和跨学科的思维方式，能够在不同领域中进行综合应用。与此同时，自动化专业注重理论与实践的结合，这是其另一显著的学科特点。学生在学习过程中不仅需要理解抽象的理论知识，还需要通过实践应用来巩固所学内容。这种注重实践的特点使得自动化专业的学生具备了解决实际问题的能力，能够更好地适应工程实践的要求。

在领域划分方面，自动化专业包括但不限于以下几个主要领域：

1）自动控制与系统工程：这是自动化专业的核心领域之一，主要关注系统的建模、分析与控制。自动控制与系统工程涉及从简单的控制系统到复杂的工业自动化系统的设计与实现。

2）机器人技术与智能系统：随着人工智能的发展，机器人技术与智能系统成为自动化专业一个备受关注的领域。这包括机器人的设计、控制与人工智能在自动化系统中的应用。

3）过程控制与仪器仪表：在工业生产中，过程控制与仪器仪表起着关键作用。自动化专业的学生需要掌握仪器仪表的原理与应用，以确保工业过程的稳定与优化。

4）信息技术与网络控制：随着信息技术的飞速发展，自动化系统与网络控制成为自动化专业的新兴领域。这包括物联网技术、云计算等在自动化系统中的应用。

5）控制理论与优化：自动化系统的设计与运行需要先进的控制理论与优化方法。

⊖ 占菲，宋琦．机械设计制造及其自动化专业创新人才培养策略［J］．造纸装备及材料，2023，52（6）：234-236.

⊜ 张烈平，梁勇，李海侠，等．校企合作培养大学生创新实践能力探索与实践——以桂林理工大学自动化专业为例［J］．大学教育，2022（6）：210-212.

这个领域涉及数学建模、优化算法等方面的知识。

这些领域的划分体现了自动化专业在不同应用场景中的多样性与广泛性。学生在自动化专业的学习过程中，可以根据个人兴趣和职业规划选择不同的专业方向进行学习，为未来的职业发展奠定坚实基础。综合而言，自动化专业以其综合性、实践性和交叉性为特点，通过多个领域的划分使得学生能够全面掌握自动化技术的核心理论和实际应用。

（二）自动化专业对创新能力的需求

1. 自动化专业人才培养目标及基本要求

一方面，该专业要求学生能够具备良好的道德修养，能够学习并遵守行业法律法规，有较强的社会及环境意识，必须掌握扎实的数学基础知识和自然科学知识，同时对专业内的理论、方法及基本技能有深入的学习和掌握。另一方面，该专业的学生在科学思维能力提升方面也需高度重视，能够有灵活的自动化领域工程现实问题解决能力。团队发展也至关重要，这要求该专业学生具备良好的团队合作意识与能力，能够在团队中充分发挥作用。此外，该专业的学生需要基于后续的持续性学习与提升来强化综合素质，紧跟专业发展的脚步，能够在相关系统的研究、设计及开发应用中胜任工作，最终成为该行业领域极富价值的高素质专业人才。

2. 自动化专业对创新能力的需求

自动化发展不仅受益于科技进步，更推动着创新的浪潮。在这一领域，创新能力是一项不可或缺的素质。通过探讨现代自动化领域对创新性解决方案的需求，既有助于理解自动化专业的发展动力，也为培养具备创新意识的自动化专业人才提供了指导。

现代自动化领域处于飞速发展的阶段，要求具备不断提升的技术水平和应对复杂挑战的能力。在这个背景下，创新性解决方案成为推动自动化领域前行的关键驱动力。首先，自动化系统的复杂性与多样性对创新性解决方案提出了挑战。随着自动化技术的不断进步，系统结构愈加庞大，涉及的领域也日益广泛，如智能控制、机器学习、物联网等。因此，针对不同应用场景，需要不断创新的解决方案来提高系统的智能性、灵活性和适应性。其次，自动化领域的应用场景日趋复杂，需要灵活的解决方案来应对多变的环境和需求。例如，在工业自动化中，生产线的实时调整和优化、设备的健康监测与维护都需要创新性的解决方案。这要求自动化专业人才具备深厚的技术功底，同时能够敏锐地洞察并解决实际问题。再次，自动化系统的集成性也对创新性提出了更高的要求。现代自动化系统不再是孤立的单一部分，而是需要与其他领域进行深度融合，例如与人工智能、大数据、云计算、互联网等。这就需要自动化专业人才具备多学科的知识背景，善于整合不同领域的创新理念和方法，形成系统性的解决方案。最后，自动化领域的创新不仅体现在技术上，还包括管理、组织和社会影响等多个层面。例如，智能制造的概念要求制定创新性的生产管理方案，推动企业整体竞争力的提升。因此，自动化专业人才需要具备全局观念和创新意识，能够在不同层面提供有针对性的解决方案。这就意味着，培养具备创新精神的自动化专业人才，不仅需要注重专业知识的传授，更需要激发学生的创造力和解决问题的能力。在这个充满机遇和挑战的时代，创新性解决方案将引领自动化专业迎来更广阔的发展前景。

自动化专业在技术创新中扮演着“指挥官”的角色。自动化技术作为关键的基础工业技术之一，不断迭代和创新是推动整个自动化领域发展的核心动力。系统的设计与控制、传感器技术、人工智能在自动化中的应用等方面都需要不断提升和改进。自动化专业人才需要关注最新科技动态，不断研发新的技术方案，以适应日益复杂和多样化的应用场景。而且，自动化专业在开展技术研究时常常涉足多个领域。例如，机器人技术与自动控制结合，开发具备智能感知与执行能力的机器人系统；自动化系统与信息技术融合，实现更高效的远程监控与控制。这种多领域的融合使得自动化专业能够涉足不同科技领域，为技术创新提供更为广泛的可能性。

自动化系统广泛应用于工业生产、交通运输、医疗保健等各个领域，对实际问题提出了更高层次的要求。在这个过程中，自动化专业人才需要通过创新性的应用方案，解决实际问题，提高系统的效率和智能化水平，自动化专业在应用创新中的作用不可忽视。自动化专业在推动数字化转型和工业 4.0 的过程中发挥着关键作用。通过将自动化系统与大数据、云计算等技术融合，实现了生产过程的数字化、网络化和智能化。这为企业提供了更高效的管理和生产手段，为实现应用创新创造了条件。自动化专业在社会问题的解决中也具备应用创新的潜力。例如，自动化技术在可再生能源领域的应用，提高了能源的利用效率；在城市交通管理中，通过自动化系统的应用，优化了交通流，减少了拥堵。这些实际的应用场景需要自动化专业人才通过创新性的方法，为社会问题提供更为可行的解决方案。

综上所述，自动化专业在技术创新和应用创新中都发挥着关键的作用。通过不断推动技术的发展和将技术创新应用于实际场景，自动化专业人才为社会进步和产业升级做出了重要贡献。培养具备技术创新和应用创新能力的自动化专业人才，将更好地满足未来社会和产业的需求，推动科技创新不断迈向新的高度。

二、创新能力

创新强调基于当前的思维模式，将各种区别于常人或常规的观点、思路提出来，以人们现有的知识水平和物质条件，在某种特定环境中，以追求理想化为目标，完成对新事物的改进或创造，更甚者可以高效满足某种社会需求，是一种追求产品、方法、元素、路径、环境等的能够获得积极效益的行为。而创新能力，顾名思义就是技术和各种实践活动领域中不断提供具有经济价值、社会价值、生态价值的新思想、新理论、新方法和新发明的能力，是一种能够获得创新灵感，并将灵感付诸行动的能力。

（一）创新能力的本质与维度

1. 创新的多层次定义与解读

创新能力可以在不同层面上进行诠释，因为它不仅是新技术或新产品的推出，更是一种思考方式和方法的变革。在最基本的层面上，创新可以被理解为对问题的重新思考和对传统观念的挑战，这包括对新思想、新方法和新观念的发现和应用。

在科技领域，创新涵盖了新技术、新产品和新发现的全过程。这涉及在科学和技术领域中进行独创性研究，寻找新的解决方案并将其转化为实际的应用。例如，在新材料、人工智能、医药等领域的创新都推动了科技的不断进步。在商业领域，创新可能更注重于市场、商业模式和消费者需求的创新。企业通过不断探索新市场机会、推陈出新的产品和服务，以及更新商业运营模式，实现商业上的创新，从而在市场竞争中脱颖而出。在社会层面，创新可以表现为对社会问题、文化观念和公共服务的重新定义。这包括对社会挑战的新思考、社会体制的创新以及为社会带来积极变革的创新性项目。

从个体角度看，创新能力则强调个体在思考问题、解决挑战和提出新观点时的独特能力。这包括对问题的开放性思考、跨学科的思维方式以及在不同环境中展现创造性的能力。

总体而言，创新在不同领域和层面上呈现出多样性的定义和解读。无论是在科技、商业、社会还是个体层面，创新都是对问题的独特回应，是一种推动发展的力量。因此，在培养创新能力时，我们需要考虑到这些不同层次和维度，以便更全面、灵活地应用创新思维。

2. 创新能力的基本维度及其在工程领域的体现

创新能力的本质是多层次且多维度的，其基本维度在工程领域的体现更是关键。深入研究创新能力的基本维度及其在工程领域的具体体现，有助于我们更全面地理解创新在工程实践中的重要性，以及在培养工程专业人才时应该关注的方向。

1）创造性思维：创新能力的一个基本维度是个体的创造性思维。这包括对问题的独特见解、跳脱传统思维模式的能力，以及在解决挑战时能够提出新颖、富有创意的解决方案。在工程领域，创造性思维体现为工程师能够在设计、问题解决和优化过程中寻找创新性的方法和理念。

2）适应性与灵活性：创新往往需要适应新的环境和变化，因此适应性与灵活性也是创新能力的关键维度。在工程领域，工程师需要在面对不断变化的技术、需求和市场条件时能够迅速调整方向，灵活应对各种挑战。

3）团队协作：创新不是孤立的行为，而是需要多方的合作与协同。团队协作是创新能力的重要维度之一。在工程项目中，工程团队需要紧密协作，共享思想和资源，以便推动创新性的设计和解决方案的产生。

4）问题解决能力：创新能力也表现为解决问题的能力，包括对复杂问题的分析、归纳和迭代求解的能力。在工程领域，工程师常常需要面对复杂的技术和设计问题，通过创新性的问题解决能力找到最佳方案。

5）创新设计：工程领域中创新最为显著的体现就是创新设计。工程师通过运用新材料、新技术、新工艺等手段，设计出独具创意和实用性的产品和系统。例如，在航空工程中，设计出新型轻量化材料以提高燃油效率。

6）技术创新：工程领域是技术创新的重要场所。工程师通过对现有技术的改进或对新兴技术的应用，推动着整个领域的技术进步。例如，在电子工程中，新型芯片设计和集成电路技术的不断创新带来了信息技术的飞速发展。

7）工程管理创新：创新不仅体现在技术上，还涉及工程项目的管理和执行。引入新的项目管理方法、团队协作工具、风险管理策略等，都是工程领域创新的一部分。例如，敏捷项目管理方法的引入使得工程项目更加灵活和高效。

8）可持续创新：在当今工程实践中，可持续创新成为一个重要的方向。工程师需要考虑到社会、环境和经济的可持续性，提出符合可持续发展原则的工程解决方案。例如，绿色建筑工程的设计就是可持续创新的一个体现。

创新能力在工程领域的体现是多方面而深刻的。从创新设计到技术创新，再到工程管理和可持续创新，都需要工程师具备创新思维、团队协作和解决问题的能力。在培养工程专业人才时，应该注重培养这些基本维度，使他们能够在复杂多变的工程环境中展现卓越的创新能力。

（二）创新能力在自动化专业中的体现

1. 自动化工程中的创新案例分析

（1）智能控制系统优化案例

在自动化工程中，智能控制系统是至关重要的一部分。通过创新性的优化设计，可以实现对自动化系统更精确、更高效的控制。例如，某工厂的生产线采用了一种基于机器学习的智能控制系统，通过不断学习和调整，提高了生产效率和产品质量。这种创新案例体现了在自动化工程中运用先进的控制算法以及对数据的深度分析，从而实现对系统性能的优化。

（2）自适应机器人应用案例

机器人技术在自动化领域中发挥着越来越重要的角色。创新性的自适应机器人应用案例展示了机器人在复杂环境中的智能适应能力。以某仓储物流系统为例，引入了能够自主规划路径、感知环境并做出决策的机器人系统。这种创新不仅提高了仓储效率并降低运行成本，还减少了对固定路径的依赖，使得机器人能够更灵活地应对不同场景，展现出在自动化工程中的广泛应用前景。

（3）物联网与自动化一体化案例

物联网技术的创新将自动化与信息技术深度融合，为自动化工程带来了全新的可能性。一家智能家居公司推出了一套基于物联网的智能家居控制系统，实现了设备之间的互联互通，用户可以通过手机远程控制家居设备。这种创新案例展示了在自动化工程中，如何通过整合物联网技术，实现设备之间的智能协同工作，提升生活质量和能源利用效率。

（4）工业自动化的集成创新案例

在工业自动化领域，集成创新是推动产业升级的关键。某汽车制造厂引入了一套全新的生产线自动化系统，实现了从设计到生产的数字化集成。这种创新案例不仅提高了生产效率，还降低了生产成本，展现了在自动化工程中，通过整合不同领域的先进技术，实现生产过程的高效、智能和可持续发展。

这些创新案例突显了在自动化专业中，创新能力是推动技术升级和应用领域拓展的关键因素。通过运用先进的技术手段、跨学科的知识整合，以及对实际问题的深度理解，自动化工程师能够在不同领域创造性地应用自动化技术，推动行业的不断发展和进步。这也强调了培养自动化专业人才创新思维和解决问题的能力的重要性，以应对不断变化的技术和市场需求。

2. 自动化专业学生创新实践的特色与成果

自动化专业学生创新实践是培养未来科技领域领军人才的重要途径，其特色和成果不仅体现了学生个体的创新能力，更展现了整个专业领域的创新氛围和发展趋势[⊖]。

（1）自动化专业学生创新实践的特色

1）跨学科融合：自动化专业学生创新实践往往涉及多个学科领域的融合。例如，在智能控制系统的设计中，学生需要同时运用自动化技术、计算机科学、电子工程等多个学科的知识。这种跨学科的融合特色培养了学生的综合素养，使其具备在不同领域中进行创新的能力。

2）实际问题解决：自动化专业强调解决实际问题的能力，学生创新实践往往紧密围绕实际工程和科技挑战展开。例如，学生团队可能面临某种工业生产过程中的效率问题，通过自主设计和改进智能控制系统，提高生产线效率。这种实际问题解决的能力使学生在创新实践中更具实用性和可操作性。

3）团队合作：自动化工程很少是个体行为，更强调团队合作。学生在创新实践中通常需要组成团队，共同完成项目。这培养了学生的团队协作、沟通和领导能力，这些能力对于未来进入工业界或科研机构都至关重要。

4）开放性创新平台：许多学校的自动化专业设立了开放性的创新平台，为学生提供了实验室、设备和资源。这为学生提供了自由探索、实践和尝试的空间，激发了他们的创新潜能。例如，学生可以在机器人实验室中进行各种实践，从而培养出色的机器人技术创新人才。

⊖ 田小敏，杨忠，王逸之，等. 应用型高校自动化专业学生创新实践能力培养研究［J］. 科技风，2022（11）：22-24.

（2）自动化专业学生创新实践的成果

1）自主研发的智能设备：自动化专业学生通过创新实践，常常能够自主研发出具备高度智能化的设备。例如，他们可以设计并制造出能够实时监测环境、自主调整工作参数的智能传感器。这些自主研发的智能设备不仅在学术上具有创新性，同时对工业自动化领域产生积极的实际影响。

2）科技竞赛获奖：许多自动化专业学生在各类科技竞赛中取得优异成绩，这也是创新实践的重要成果之一。例如，在机器人比赛中，学生团队通过独特的设计和创新性的算法获得奖项，展现了在实际竞技场上的创新实力。

3）学术论文和专利：学生的创新实践常常通过发表学术论文和申请专利的形式得以展示。他们可能提出了一种新的自动化控制算法、设计了新型的电路结构，从而为该领域的学术研究和实际应用做出贡献。

自动化专业学生创新实践的特色和成果不仅对大学生的职业发展有着积极影响，同时也为整个自动化领域的创新和发展注入了新的活力。这种强调实际问题解决、跨学科融合和团队合作的创新模式有望培养出更多具备综合素养和创新能力的自动化工程专业人才。

三、培养模式

（一）培养模式的基本理论

培养模式是一种系统的、有组织的教育设计，旨在培养学生在特定领域内所需的知识、技能和能力。它涉及对教育目标、教学方法、评估方式等方面的有机整合，以实现对学生全面发展的引导。培养模式不仅是一种教学计划，更是一种教育哲学，强调了教育的目标与手段的有机结合。

通过以下几个维度进行详细探讨可以对培养模式的基本理论有一个清晰的认知。

1）专业导向培养模式：这种模式强调对学生在特定专业领域的专业知识和技能的培养。它通常涵盖了课程设置、实践操作、实习经验等多个层面，旨在使学生在毕业后能够胜任相关行业的工作。例如，在自动化专业中，专业导向培养模式包括核心工程课程、实验室实践以及与工业界的合作项目。

2）跨学科培养模式：这种模式旨在打破学科之间的壁垒，促使学生在多个学科领域取得综合性的知识。它强调学科间的相互关联性，培养学生解决问题的跨学科能力。在自动化专业中，跨学科培养模式将计算机科学、电子工程、管理学等学科融合，培养学生更全面的视野和解决问题的能力。

3）创新创业培养模式：这种模式注重培养学生的创新思维和创业精神。它通常包括实践性项目、创业课程以及与企业的合作机会，旨在培养学生成为具有创新意识和实际实施能力的人才。在自动化专业中，创新创业培养模式包括学生参与自主研发项目、参与科技创业比赛等活动。

4）国际化培养模式：这种模式致力于培养具有国际竞争力的人才，强调国际化视野和全球背景下的问题解决能力。它包括国际交流项目、双学位课程、多语言教学等方面。在自动化专业中，国际化培养模式将鼓励学生参与国际性的工程项目、与国外学生合作等。

5）教育科技融合培养模式：随着科技的不断发展，这种模式将现代教育技术与传统教学模式相融合，旨在提高教学效果。它包括在线学习平台、虚拟实验室、远程合作项目等。在自动化专业中，教育科技融合培养模式可以通过虚拟仿真实验、在线协作工程项目等方式提供更灵活和多样化的学习体验。

总体而言，培养模式的基本理论表现在对高等教育目标和方法有系统思考的教育设计。不同类型的培养模式可以根据不同专业的需求和社会发展的趋势来灵活运用，以更好地满足学生的发展需求和社会的期望。

（二）针对自动化专业的创新能力培养模式

1. 课程设计

这是一种结合理论与实践的创新教学模式。自动化专业的创新能力培养模式中，课程设计是关键的一环，通过结合理论与实践，构建创新性教学模式，可以更好地激发学生的学科兴趣和创新思维[㊀]。首先，课程设计应当注重建立坚实的理论基础。学生在自动化专业的学科知识体系中需要深厚的理论支持，这是创新能力的基石。因此，设计针对性强、内容充实的核心理论课程是必要的。其次，课程设计要贯彻实践性教学的理念。在理论课程的基础上，引入实践环节，让学生将所学理论知识应用到实际问题解决中。例如，设计基于实际场景的案例分析、工程项目等，培养学生运用理论知识解决实际问题的能力。创新教学模式应该注重跨学科融合。自动化专业常涉及多学科知识，因此，创新型课程设计可以引入计算机科学、电子工程、车辆工程等相关学科的内容，拓宽学生的学科视野，培养他们的跨学科思维。

2. 实践项目

实践项目可以促进学生动手能力与创新思维，是培养自动化专业学生创新能力的有效途径之一。通过参与实际项目，学生可以在真实环境中应用所学知识，提高动手能力和解决问题的实践经验。首先，实践项目可以包括工程实习。学生在实际工程项目中承担一定的责任，从而深入了解自动化工程实践中的挑战和解决方案。这种经验不仅加强了学生的实际操作技能，还培养了他们在复杂环境中应对问题的能力。其次，设计创新性的实验项目。通过设计能够引发学生创造力和创新思维的实验，培养学生在独立实验中发现问题、设计解决方案的能力。例如，设计一个自主智能控制系统的实验，让学生动手搭建和调试，从而理解自动化理论在实际中的应用。实践项目的组

㊀ 王咏梅，樊振萍．自动化专业学生创新实践培养体系探索［J］．仪器仪表用户，2021，28（1）：111-112+72.

织也应注重团队合作。自动化专业的工程项目往往需要团队合作，因此，实践项目可以设计为学生组队完成。通过与他人合作，学生可以学到团队协作、沟通和领导的技能，这对于未来从事自动化工程的学生至关重要。

3. 导师制度

个性化指导与学术培养相融合的导师制度在创新能力培养中发挥着重要作用。个性化指导有助于更全面地了解学生的特长、兴趣和潜力，为他们提供量身定制的培养方案。首先，导师应注重学术培养。通过与学生建立深厚的学术关系，导师可以在学术方面进行有针对性的指导，培养学生的研究兴趣和研究方法。导师可以组织学术研讨会、引导学生参与科研项目等方式，提升学生的学术能力。其次，导师应关注学生个体发展。了解学生的个性特点，鼓励他们发掘潜力，引导他们发展自己的兴趣方向。这种个性化的关怀和指导可以激发学生更深层次的创新。

第二节　理论基础

一、建构主义学习理论

（一）建构主义学习理论概述

学习的主体与客体关系是建构主义学习理论的核心之一。在传统的教学观念中，学习往往被看作是信息的传递，教师是知识的提供者，学生是被动接收者。而在建构主义中，学习被视为学生通过主动参与、解决问题、合作等方式构建自己的知识结构的过程。首先，学习的主体不仅限于个体，还包括学习社群。学习社群是一个由学生、教师以及其他学习者组成的共同体，他们通过互动、合作共同建构知识。在这个过程中，学生不再是被动地接受信息，而是通过与他人的互动，共同建构知识，形成更深层次的理解。其次，学习的客体也发生了变化。客体不再仅仅是教科书上的知识点，而是真实的问题、项目或情境。通过解决真实问题，学生置身于实际应用的场景中，更容易理解和掌握知识。客体的改变使得学习更具有实践性和可应用性。在建构主义的框架下，教师不再是单一的知识传递者，而是成为学生学习过程的引导者和支持者。教师的角色在于创建一个促使学生思考、合作、建构知识的学习环境。通过提供挑战性的问题、引导讨论、激发学生的好奇心，教师能够激发学生的学习动力，促使他们更深入地参与知识的建构过程。所以，建构主义学习理论强调学生是学习的主体，通过与他人互动和解决实际问题，共同建构知识。这一变革性的理论为教育提供了新的视角，使学习更加贴近生活、更加具有参与性。

在建构主义学习理论中，学习被认为是深深植根于社会背景和文化环境之中的。

学生不仅是独立的个体，还是社会群体中的一员，其学习经验受到社会文化的深刻影响。首先，学习的社会背景涵盖了学习者所处的社会环境。这包括家庭、学校、社区等各种社会组织。在家庭中，孩子可能会受到家庭文化的熏陶，对于学习态度、价值观念等有着深刻的影响。学校作为另一个学习社会，提供了更广泛的社会交往场景，培养了学生的合作能力和团队协作精神。社区则是一个更为广泛的社会背景，通过参与社会活动和服务，学生能够将学到的知识应用到实际中，形成更为全面的学习体验。其次，文化影响是建构主义学习理论中不可忽视的因素。不同的文化传统塑造了学生独特的认知方式、价值观念和思维模式。在建构主义的教学中，理解学生的文化背景是至关重要的，因为这有助于教师更好地调动学生学习的积极性和主动性。同时，教学内容的呈现也应该考虑到多元文化的因素，使学生能够在学习过程中体验到文化的丰富性。在建构主义的框架下，社会背景和文化影响的考虑不仅是为了更好地理解学生所处的角度，还有助于创造更具包容性的学习环境。通过充分考虑学生所处的社会文化背景，教师可以更有针对性地设计教学活动，提供更贴近学生实际生活的案例和问题，从而促进学生更深层次的学习。

总体而言，建构主义学习理论认为学习是一个社会性的过程，深受学习者所处的社会背景和文化环境的影响。这一理念为教育提供了更为全面和多元的视角，强调了学生在学习中的主动参与以及文化背景的重要性。

（二）建构主义在自动化专业教学中的应用

项目化学习作为建构主义理论的一种实践手段，强调通过实际项目的设计和完成，学生能够更好地参与知识的建构过程。在自动化专业中，项目化学习是培养学生创新思维、动手能力和团队协作精神的理想途径。首先，项目化学习契合了建构主义中学生主体性的理念。通过参与项目，学生不再仅仅是被动接受知识，而是积极参与到问题的解决过程中。例如，在自动化控制系统设计项目中，学生需要独立思考系统的结构和功能，并通过实际操控来验证他们的设计。这种主动性促使学生更深入地理解和运用所学知识。其次，项目化学习强调合作与互动。建构主义认为学生之间的互动是知识建构的重要推动力，而项目化学习正是为了激发学生之间的合作。在自动化专业的项目中，学生可能需要组成团队，每个团队成员负责不同的模块或任务。通过协同工作，他们不仅学到了专业知识，还培养了团队协作和沟通技能。再次，项目化学习促使跨学科的整合。在自动化专业中，知识涉及电子工程、计算机科学等多个学科领域。通过项目化学习，学生需要整合这些跨学科的知识，使他们更全面地理解自动化系统的设计和应用。这有助于打破学科之间的界限，培养学生的跨学科思维。最后，项目化学习提供了实际问题的解决机会。建构主义认为学习应该具有实际应用的目的，而项目化学习正是将学生置身于真实问题中的有效方式。在自动化专业中，项目可以模拟实际工程情境，让学生面对真实挑战，从而培养他们解决问题的实际能力。综合而言，项目化学习与建构主义学习理论在自动化专业教学中形成了有机的结合。通过项目化学习，学生在自动化专业的学习中不仅获得了知识，更培养了创新能力、团队协作和解决实际问题的能力。这种学习方式有助于打破传统教学的束缚，使学生在更具挑战性的环境中发展出色。

在自动化专业的教学中，基于问题的学习作为建构主义学习理论的一种具体实践，为学生提供了一个贴近实际应用场景的学习模式。在这个过程中，学生通过解决实际问题，不仅构建了知识体系，还培养了解决问题的能力和创新思维。

首先，基于问题的学习强调学生对于问题的积极探究。建构主义认为学生在解决真实问题的过程中，能够更深刻地理解和掌握知识。在自动化专业中，教师可以设计具有挑战性和实际背景的问题，激发学生主动思考和求解问题的动力。例如，通过设计一个自动化控制系统的问题情境，学生需要深入理解控制原理、传感器技术等知识，从而更好地应用在解决实际问题中。其次，基于问题的学习注重学生的合作与交流。在解决问题的过程中，学生会需要组成小组，共同讨论问题、分析情境，通过交流和协作获得更多的见解。这与建构主义中学生社会交往的理念相契合，强调通过与他人的互动促进知识的建构。在自动化专业教学中，通过小组合作解决实际问题，学生能够分享不同的观点和方法，促进团队协作和集体智慧的形成。再次，基于问题的学习培养了学生的批判性思维和创新能力。建构主义认为，学生在解决问题的过程中，不仅是被动接受知识，更是通过批判性思考和创新性思维来构建新的理解。在自动化专业中，基于问题的学习可以通过设计一些开放性的问题情境，激发学生主动思考，提出创新性的解决方案，培养他们的创造性思维。最后，基于问题的学习强调实际应用。建构主义理论主张知识应该具有实际应用的目的，而基于问题的学习正是实现这一理念的有效途径。在自动化专业中，问题往往模拟实际工程中的挑战和难题，学生通过解决这些问题，能够更好地理解知识的实际运用。例如，设计一个自动化系统的问题情境，使学生需要考虑系统的可行性、实用性等方面，提高他们的实际问题解决能力。

总体而言，基于问题的学习与建构主义学习理论相辅相成，为自动化专业的教学提供了一种深具实践性和应用性的学习模式。通过解决实际问题，学生在建构知识的同时培养了合作能力、创新思维和实际应用能力。这不仅符合自动化专业的特点，也促进了学生综合素养的全面发展。

二、学生中心论

（一）学生中心论基本原理

1. 学生的需求与兴趣

学生中心论的基本原理中，学生的需求与兴趣被认为是构建教育活动的重要出发点，这一原理深刻体现了通过对学生的尊重和关注，使教育更贴近学生的实际情境，具体表现在满足学生需求与激发学生兴趣两个方面[⊖]。学生的需求不仅包括基本的生活需求，更包括了学习需求。学习需求是指学生在不同发展阶段对知识、技能和情感等方面的需求。学生中心论的教学理念要求教育者更深刻地了解学生的学习需求，以便个性化地组织教育活动。在自动化专业中，了解学生对自动化领域的热情、掌握程度和学科发展方向的兴趣，有助于针对性地设计教学计划，满足学生对知识的追求。学生的兴趣是学生中心教学的重要组成部分。兴趣会使学生对某一领域或主题产生浓厚的情感体验，是激发学生主动学习的重要动力。学生中心论强调通过关注学生的兴趣，使学习更具吸引力和动力。在自动化专业中，可以通过引入实际应用案例、创新项目以及与相关行业合作等方式，使学生在学习中找到兴趣点，提高学习的积极性和主动性。

在学生中心论的基本原理下，教育者可以采取以下方法满足学生的需求与激发学生的兴趣。

1）制定个性化学习计划，个性化的学习计划可以根据学生的学科特长、学科喜好等差异，设计有针对性的教学内容和学科深度。

2）引入跨学科的教学方法，使学生在不同学科领域中发现交叉点，拓展兴趣领域。

3）借助科技手段，如在线学习平台、虚拟实验等，提供更灵活、多样的学习方式，更好地满足学生的个性需求。

总体而言，学生中心论的基本原理中，对学生的需求与兴趣的关注是建立在对学生个性的尊重和理解的基础上的。在自动化专业中，通过贴近学生需求和激发学生兴趣，可以更好地引导学生主动参与学习，促进他们在自动化领域的全面发展。这一理念不仅体现了尊重学生个性的细致关怀，更为学生提供了更具启发性和吸引力的学习环境。

2. 教学目标与学生发展

学生中心论基本原理之一是关注教学目标与学生发展的紧密关系。在学生中心论的教学理念中，教学目标不仅是知识的传授，更应该与学生的个体发展需求相契合。如何确立与学生发展相适应的教学目标，以促使学生在自动化专业中全面发展尤为重要。首先，教学目标在学生中心论中被视为对学生发展的引导和支持。教育者在制定教学目标时，需要考虑到学生的个体差异和发展阶段，使目标具有一定的灵活性和个性化。在自动化专业中，这意味着教育者应该了解学生的学科兴趣、职业发展规划等方面的特点，从而设计与之相适应的教学目标。例如，对于对软件开发感兴趣的学生，教学目标可以强调软件工程方面的知识和实践能力的培养。其次，教学目标应与学科发展趋势和社会需求相契合。在自动化专业中，随着科技的不断发展，行业对于自动

⊖ 刘益林，唐伯孝，林红卫，等. 基于“学生中心”理念的有机化学课程教学改革与实践［J］. 科教文汇，2023（14）：86-90.

化领域专业人才的需求也在不断变化。学生中心论要求教育者关注行业动态，调整教学目标，使之更符合当前和未来的社会需求。例如，随着人工智能技术的兴起，教学目标可以注重培养学生在智能控制和机器学习方面的专业能力。再次，教学目标应强调学生的全面发展。学生中心论不仅关注学科知识的传授，更关注学生的综合素养和个体发展。在自动化专业中，除了技术能力的培养，教育者还应该关注学生的创新能力、团队协作能力、沟通能力等方面的发展。教学目标可以设计为全面培养学生的专业技能和软实力，使其在未来的职业生涯中更具竞争力。最后，教学目标的设定应激发学生的学习动力。学生中心论认为学生在实现个体发展过程中，需要具备一定的学习动力。因此，教学目标应该能够激发学生的兴趣、好奇心和主动学习的动力。在自动化专业中，通过设置具有挑战性和实际应用的教学目标，教育者可以引导学生积极投入学习，培养他们对自动化领域的浓厚兴趣。

总体而言，学生中心论的基本原理中，教学目标与学生发展密切相关，应该是灵活、个性化、符合学科和社会需求的。在自动化专业中，通过关注学生的个体特点、行业趋势和全面发展，教育者可以制定更具针对性和激励性的教学目标，促使学生在自动化领域中取得更全面的发展。这一理念不仅重视知识的传授，更强调学生的个性成长和未来职业竞争力的提升。

（二）学生中心论与自动化专业的结合

1. 个性化学习计划

学生中心论强调以学生为核心，关注个体差异，注重个性化发展。在与自动化专业结合时，个性化学习计划成为实现学生中心教学的有效方法。一是个性化学习计划在自动化专业中的设计会考虑到学生的学科兴趣和发展方向。在以学生为中心的理念下，教育者需要充分了解学生对自动化领域的兴趣和热情。通过调查、访谈等方式，获取学生的信息，为每位学生制定个性化的学习计划。例如，某些学生对嵌入式系统感兴趣，而另一些学生更关注自动控制领域。个性化学习计划可以根据学生的兴趣点，设置不同的专业方向和课程组合，使学生更深入地学习感兴趣的领域。二是个性化学习计划应该注重学生的学科差异和水平。在自动化专业中，学生的入学水平和学科基础会存在较大差异。个性化学习计划应该根据学生的实际水平，设置相应难度的课程和项目。对于入门水平较低的学生，可以提供基础课程和实践项目，帮助他们逐步熟悉自动化领域的基本概念。而对于高水平的学生，可以设置更深入、更具挑战性的专业课程和研究项目，以促进其进一步深造和创新。个性化学习计划还应充分考虑学生的学习风格和需求。不同的学生有着不同的学习偏好和方式，个性化学习计划应该提供多样化的教学方法和资源。例如，对于喜欢实践操作的学生，安排实验课和项目实践；而对于偏好理论学习的学生，提供深度的专业课程和学术研究机会。通过灵活运用教学手段，个性化学习计划可以更好地满足学生的不同学习需求，激发他们的学习兴趣。三是个性化学习计划要注重学生的职业发展规划。自动化专业的学生在职业发展方向上可能有不同的目标和规划。个性化学习计划应该结合学生的职业志向，设置相关的实践项目、实习机会和职业辅导。通过与行业合作，为学生提供与实际职业环境接轨的学习机会，帮助他们更好地准备职业生涯。

换言之，个性化学习计划是学生中心论在自动化专业中的具体体现，是促使学生全面发展的有力工具。通过个性化学习计划，教育者可以更精准地满足学生的学科需求、发展水平和兴趣点，使学生在自动化领域中取得更为个性化和全面的发展。这一理念不仅关注知识的传授，更强调学生个体差异的尊重和发展潜力的挖掘。

2. 学生参与决策与管理

学生中心论的核心理念之一是强调学生的主体地位，使其在教育过程中成为积极参与者。在自动化专业中，将学生参与决策与管理纳入学生中心的实践，不仅能够更好地满足学生的个体需求，还能够培养其团队协作和领导才能。首先，学生参与决策与管理要求建立一种开放、平等的沟通机制。在自动化专业的教学中，教育者应该鼓励学生表达自己的意见和建议，建立一个既有序又包容的沟通氛围。通过定期的班会、座谈和在线平台、班级群聊等方式，学生可以畅所欲言地表达对教学内容、课程安排等方面的看法。这种沟通机制有助于建立起师生之间的互信关系，使学生更加愿意参与决策和管理。其次，学生参与决策与管理可以通过设立学生代表机构来实现。在自动化专业中，设立学生联合会或学生代表团队，由学生选举产生代表，参与学科建设、教学计划制定等方面的决策。这样的机构既能够让学生发挥主体作用，还能够提高学生对于学科发展的责任感。学生代表团队可以与教育者、学科负责人等形成有效的合作，共同推动专业的不断优化和发展。再次，学生参与决策与管理应强调团队协作和领导能力的培养。在专业的学科建设和管理中，学生需要共同协作、集思广益。通过参与决策过程，学生能够学到团队协作、组织规划等方面的实际技能，培养团队合作的精神。同时，学生中心论倡导学生在学科管理中发挥领导作用，有助于培养学生的领导潜能，提高其在团队中的影响力。最后，学生参与决策与管理要注重实际效果的反馈。学生在决策中付出了努力，应该及时看到实际效果，这有助于激发学生的积极性和责任感。可以通过设立反馈机制，及时收集学生的反馈意见，对决策和管理进行评估和调整。这种循环的反馈机制不仅能够提高决策的科学性和实效性，还能够激发学生参与的兴趣和热情。

综合而言，学生参与决策与管理是学生中心论在自动化专业中的重要实践，是促使学生主体地位得以实现的关键环节。通过建立良好的沟通机制、设立学生代表机构、强调团队协作和领导能力培养，以及注重实际效果的反馈，可以使学生更好地参与到专业的决策和管理中。这一理念不仅关注学生在知识层面的发展，更注重培养其实际操作和团队协作的实际能力。

三、能力本位论

（一）能力本位论基本观点

1. 以能力为核心的教育

能力本位论是一种以培养学生能力为中心的教育理念，强调教育的目标不仅是传递知识，更应关注学生在实际问题解决中所能展现出的能力[1]。在自动化专业中，以能力为核心的教育理念可以更好地满足学科发展和社会需求。

1）以能力为核心的教育理念强调的是培养学生的综合能力。在自动化专业中，学生需要掌握复杂的自动化系统设计、实施和维护等技能，而传统的知识传授模式往往难以涵盖这些方面。因此，能力本位论提出通过设计实践性的项目、参与实际工程案例等方式，培养学生的工程实践能力、创新能力以及问题解决能力。通过真实的实践情境，学生能够更全面地发展各方面的能力，为未来的职业生涯做好充分准备。

2）以能力为核心的教育理念注重学生的自主学习和实践经验的积累。在自动化专业中，技术更新较为快速，学生需要具备不断学习和适应新技术的能力。能力本位论主张通过设立自主学习的机会，激发学生主动获取知识和经验的积极性。例如，可以设置开放式实验室，让学生自主选择感兴趣的项目进行深入研究，培养他们的独立思考和解决问题的能力。这种自主学习的模式有助于培养学生的学科兴趣，使其更具深度和广度的知识储备。

3）以能力为核心的教育理念强调跨学科的整合能力。在自动化专业中，学生不仅需要具备自动化工程领域的知识，还要能够涉足相关领域，如电子工程、计算机科学等。能力本位论提倡通过跨学科的项目设计、团队合作等方式，培养学生的综合运用各种知识和技能的能力。这种整合能力使学生能够更好地应对未来工作中的多领域挑战，为解决实际问题提供更全面的解决方案。

4）以能力为核心的教育理念关注学生的职业发展和社会责任感。自动化专业的学生在未来可能涉及智能制造、自动驾驶等领域，需要具备对社会发展的深刻理解和积极参与的意识。能力本位论通过强调实际问题解决和社会实践，培养学生对社会问题的认知和责任感。通过参与社会实践项目，学生能够更好地理解自己所学知识的实际应用，提高对于自己职业发展方向的认知，同时也为社会做出积极的贡献。

2. 能力的层次结构与培养路径

在自动化专业中，了解能力的层次结构与培养路径对于设计有效的教育方案至关重要。能力的层次结构在自动化专业中可以分为基础能力、专业核心能力和综合创新能力三个层次。基础能力包括学科知识、数学基础、英语沟通等方面的基本素养，是

[1] 汪淑贤，周宏敏．基于“学生中心，能力本位”的混合教学模式探讨——以数字信号处理课程为例［J］．创新创业理论研究与实践，2023，6（17）：35-38.

学生进入自动化领域的基础。专业核心能力是指在自动化工程领域的核心技术和知识，如自动控制、传感器技术等。而综合创新能力则是在基础能力和专业核心能力的基础上，培养学生在实际问题中进行创新解决方案的能力，包括项目管理、团队协作等综合素养。

能力的培养路径需要根据学生的不同发展阶段进行有针对性的设计。在培养基础能力阶段，应注重对学科知识、数学基础和英语沟通等基本素养的系统培养。通过开设基础课程、设置基础实验等方式，使学生打下坚实的基础。在培养专业核心能力阶段，应设置专业核心课程，注重对自动化工程领域核心技术和知识的深入学习。学生可以通过实际项目、实验等方式，将所学知识应用到实际问题中，形成对专业核心能力的扎实掌握。在培养综合创新能力阶段，应通过项目驱动、实践实习等方式，培养学生的团队协作、创新思维和解决实际问题的能力。这一阶段的培养路径旨在使学生能够综合运用各层次的能力解决实际工程问题。

能力的培养路径要强调实践性和跨学科的整合。在自动化专业中，实际工程项目和实验是培养学生能力的有效途径。通过参与实际项目，学生能够更好地理解和应用所学知识，锻炼解决实际问题的能力。同时，能力本位论倡导跨学科的整合，即在培养某一层次能力的同时，促使学生整合其他层次的能力。例如，在解决自动化工程问题的实际项目中，学生既需要运用专业核心能力，也需要借助基础能力和综合创新能力，实现全方位的能力发展。

能力的培养路径要强调个性化和自主学习。由于学生在不同阶段具有不同的学科兴趣和发展潜力，能力本位论主张通过个性化的培养路径，激发学生的学科热情。教育者可以通过提供多样化的选修课程、项目选择等方式，让学生根据自己的兴趣和发展方向，选择适合自己的培养路径。同时，要鼓励学生进行自主学习，通过参与学术研究、实际项目等方式，深化对自己所学领域的理解，实现个体发展的自主规划。

（二）能力本位论在自动化专业的运用

1. 自动化专业核心能力要求

自动化专业的核心能力要求涵盖了学科知识、工程实践和创新能力等多个方面。在学科知识方面，学生需要全面了解自动化工程领域的基础理论和最新技术，包括自动控制系统、传感器技术、嵌入式系统等。能力本位论强调通过系统的课程设置和实验实践，确保学生对自动化专业的基础知识有深入的理解。此外，工程实践是培养学生实际操作能力的关键，自动化专业要求学生具备设计、实施和维护自动化系统的实际技能。创新能力是自动化专业毕业生必备的能力之一，能力本位论通过强调实际问题解决和项目驱动的方式，培养学生在工程实践中的创新思维和解决问题的能力。自动化专业核心能力还要求强调团队协作和跨学科整合。在自动化工程项目中，学生往往需要与其他领域的专业人员协作，如电子工程师、计算机科学家等。能力本位论通过项目驱动的教学方式，培养学生在团队中的协作精神和跨学科整合能力。学生将在实际项目中体验到不同领域知识的交叉应用，提高解决复杂问题的综合能力。而核心能力要求中涉及的实践性和创新性培养路径需要得到充分的关注。能力本位论倡导通过实际项目、实验和实习等方式培养学生的实践操作能力。在自动化专业中，学生需要通过实际项目参与设计和开发过程，了解自动化系统的实际应用。创新性的培养路径则通过强调解决实际问题和参与科研项目，激发学生的创新意识和能力。学生将在具体项目中体验到问题的复杂性，提高解决问题的创新性。自动化专业核心能力要求的培养路径应该符合自动化工程领域的最新发展趋势。能力本位论主张紧密结合产业需求和科技发展，调整核心能力的培养内容和路径。随着人工智能（AI）、物联网等新技术的兴起，自动化专业的核心能力要求也在不断变化。教育者需要通过不断更新课程内容、引入前沿技术和项目，确保学生在毕业时具备符合当前自动化工程领域要求的核心能力。

2. 能力导向的课程设计与评价

在自动化专业中，能力本位论提供了一种创新性的课程设计和评价理念，旨在培养学生全方位的核心能力：①在自动化专业中，课程设计应该紧密围绕自动化工程领域的基础理论和最新技术展开，同时注重培养学生的实践操作和创新思维。通过能力本位论的课程设计，教育者可以将学科知识、工程实践和创新能力等多方面融合在同一课程中，确保学生在学习过程中全面发展；②自动化专业强调实际应用，能力本位论通过强调实践性的课程设计，使学生能够在实际项目中应用所学知识。项目驱动的课程设计可以模拟真实工程情境，让学生在解决实际问题的过程中培养工程实践和创新能力。通过参与项目，学生能够更深入地理解和应用自动化专业的核心知识和技能；③能力导向的课程设计应强调团队协作和跨学科整合。课程设计可以设立多学科合作的项目，让学生在解决问题的过程中体验到不同领域知识的交叉应用，提高解决复杂问题的能力；④能力导向的课程评价需要突破传统的考试评价体系。能力本位论主张通过多样化的评价方式，更全面地了解学生的能力发展。在自动化专业中，传统的考试评价难以全面反映学生的实际操作和创新能力。因此，采用实际项目报告、团队项目展示、实际操作能力考核等方式，可以直观地评价学生在核心能力方面的发展情况。此外，通过学生自我评价和同行评价，使学生能够更深入地反思和提高自己的能力水平；⑤随着自动化技术的不断创新，能力本位论倡导根据最新产业需求和科技发展，灵活调整课程内容和评价标准。教育者需要不断更新课程，引入最新的技术和项目，确保学生在毕业时具备符合当前自动化工程领域要求的核心能力。

四、“做中学”理论

（一）“做中学”理论的内涵

“做中学”理论是一种强调实践与理论相结合的学习理念，它在自动化专业的教育中具有重要的指导意义。该理论强调通过实际项目和项目实践来促使学生在实践中理解和应用理论知识，形成理论与实践相互支撑的学习体系。一方面，“做中学”理论强调实践的重要性。在自动化专业中，学科知识的应用性和实际操作能力的培养至关重要。通过实践，学生能够将抽象的理论知识转化为实际的技能和解决问题的能力。例如，在自动化工程中，学生需要了解传感器的原理，但更重要的是能够在实际项目中选择合适的传感器、调试和优化传感器系统。实践使学生直接面对真实的问题和挑战，激发了他们解决问题的积极性和创造性。另一方面，“做中学”理论主张理论知识和实际项目相辅相成，学生通过实际项目的经验可以深化对理论知识的理解[㊀]。相比于传统的课堂教学，实践中的项目更能够引发学生的兴趣和好奇心，使他们愿意主动去学习理论知识以解决实际问题。例如，学生参与一个自动化系统的设计与实施项目，不仅需要了解控制理论，还需要学习系统集成、软件编程等多个方面的知识，从而形成更为全面的专业素养。

项目实践是“做中学”理论的核心实践形式。通过参与项目，学生能够在实际应用中理解并运用所学的理论知识。在自动化专业中，项目实践可以涵盖从自动控制系统设计到实际系统集成的各个环节，从而全面培养学生的实际操作能力和解决实际问题的能力。首先，项目实践培养学生的团队协作和沟通能力。在自动化工程项目中，往往需要多个专业领域的学生共同协作完成。通过参与项目，学生不仅能够磨炼自己的专业技能，还能够学会与他人合作、拥有有效沟通的能力。这对于未来从事自动化工程领域的学生来说，是非常重要的综合素养。其次，项目实践提供了学生自主学习和创新的平台。在项目中，学生面对的问题可能是前所未有的，需要他们通过独立思考和学习来制定有效的解决方案。这种自主学习的过程培养了学生的问题解决和创新思维能力。例如，在一个自动化系统设计的项目中，学生可能面临新型传感器的应用，这就需要他们主动去学习相关知识，探索解决方案。

（二）“做中学”理论在自动化专业中的体现

“做中学”理论在自动化专业中得到了充分体现，尤其在实验课程设计方面发挥了重要作用。实验课程是自动化专业培养过程中的重要组成部分，通过实验课程的设计，学生得以在实际操作中深入理解并应用所学的理论知识。实验课程设计注重将理论知识与实际操作相结合。在自动化专业的实验课程中，学生通常需要完成与自动控制、传感器技术等相关的实验项目。这些实验项目旨在通过学生亲自动手操作，将课堂学习的理论知识付诸实践。例如，一个关于 PID 控制的实验项目可以帮助学生更好地理解控制理论，并通过调试参数实际控制一个物理过程。另外，实验课程设计提供了学生独立思考和解决问题的机会。通过“做中学”，学生在实验的过程中可能面临各种问题，需要通过自主学习和实践解决。这培养了学生独立思考和解决问题的能力。例如，在一个传感器应用实验中，学生可能会面对传感器读数不稳定的问题，需要通过查阅

㊀ 傅求宝，刘信生．“做中学”式课堂教学是促进学生科学思维生长的最优路径——以“电磁继电器与自动控制”教学为例［J］．物理教学，2023，45（10）：40-43+47.

资料、调整实验方案等方式解决问题。

除了实验课程设计，实际工程项目也是“做中学”理论在自动化专业中的重要体现形式。自动化专业强调培养学生解决实际问题的能力，而实际工程项目正是学生在真实场景中应用所学知识的机会。一是实际工程项目提供了更复杂、真实的应用场景。与实验课程相比，实际工程项目通常涉及更大规模、更复杂的系统。例如，设计一个自动化控制系统以优化工业生产线的效率，这样的项目需要学生综合运用控制理论、传感器技术、嵌入式系统等多个方面的知识，体现了“做中学”理论的全面性。二是实际工程项目培养学生团队协作和跨学科整合能力。自动化工程通常需要多个专业领域的知识，包括电子工程、计算机科学、机械工程等。通过参与实际工程项目，学生不仅能够深入了解自己专业领域，还能够与其他专业的同学协作解决项目中的问题。三是实际工程项目提升了学生的实际操作和问题解决能力。在一个真实的工程项目中，学生可能会面临未知的挑战和问题。通过“做中学”，他们需要动手解决问题，调试系统，优化方案。这样的实践过程锻炼了学生的实际操作能力和解决实际问题的能力。

五、多元智能理论

（一）多元智能理论的内涵

多元智能理论是由美国哈佛大学著名心理学家霍华德·加德纳提出的一种关于智力的新理论，该理论认为智力不是一个统一的能力，而是包括多个独立的智力类型。这种理论在自动化专业的学生培养中具有重要的指导意义，能够更好地满足学生多样化的学习需求。首先，加德纳的多元智能理论包括了多个智力类型，如语言智力、逻辑数学智力、空间智力、音乐智力、人际智力等，这些智力类型反映了个体在不同领域的优势和特长[1]。在自动化专业中，学生可能在逻辑数学智力上表现出色，能够更好地理解和运用控制理论等抽象的概念；也可能在空间智力上具备优势，更适合进行系统结构的设计和优化。其次，多元智能理论强调个体的智力差异。每个人在不同的智力类型上都有着独特的发展潜力，霍华德·加德纳认为教育应该根据个体的智力特点来培养，而不是采用一刀切的标准。在自动化专业的培养中，学生可能在某一方面具备突出的智力，例如在感知控制系统的设计中需要发挥音乐智力，而在算法优化中则需要运用逻辑数学智力。

因此，依据多元智能理论，每个人在不同的智力类型上有着独特的优势和差异，这与传统的智商观念有所不同。在自动化专业的教育中，了解学生的多元智能类型，有助于更精准地指导他们的学习和发展。具体来说，个体在多元智能上的差异可能影

[1] 徐丽娜．基于“多元智能理论”构建分层分类教学模式研究——以机械设计基础课程为例［J］．包头职业技术学院学报，2023，24（2）：49-52.

响其在自动化专业中的学科选择和职业发展方向。某些学生可能在工程实践中表现出众，展现出空间智力和动手操作的天赋，适合从事实际系统的设计和维护；而另一些学生可能在逻辑数学智力上更具优势，更适合从事算法优化和控制理论的研究。此外，了解个体在多元智能上的特点有助于个性化的教育和培养。教育者可以根据学生的多元智能类型，设计不同形式的教学活动，更好地激发学生的学习兴趣和潜能。例如，针对具有音乐智力的学生，可以设计与声音感知相关的控制系统实践项目，以更好地满足他们的学科需求。

综合而言，多元智能理论为自动化专业的培养提供了新的思路。通过理解学生在不同智力类型上的特点，可以更好地指导他们的学科选择和职业发展，同时实施个性化的教育，更好地满足学生多样化的学习需求。

（二）多元智能理论在自动化专业的运用

多元智能理论在自动化专业中的运用可以有力地促进创新能力的培养。通过充分发挥学生在不同智力类型上的优势，培养他们多样化的思维方式和创造性解决问题的能力。多元智能理论强调个体在不同智力类型上的独特优势。在创新领域中，不同类型的智力都有着各自的价值。例如，具有音乐智力的学生可能在声音感知控制系统的设计中表现出色，为系统增添创意元素；而在逻辑数学智力上具备优势的学生可能更善于设计算法和优化控制策略。通过理解并充分运用这些多元智能，可以构建更具创新性和多样性的解决方案。多元智能理论提供了个性化的创新培养路径。针对不同智力类型的学生，可以设计不同形式的创新活动。例如，为发展了解人际智力的学生，可以组织团队项目，通过协作解决实际问题；而为发展了解逻辑数学智力的学生，可以提供独立思考和解决问题的机会。这样的个性化培养路径能够更好地激发学生的创新潜能。

多元智能理论在自动化专业中还可应用于促进团队协作能力的培养。自动化工程往往需要多个领域的专业知识，而团队协作是实现综合创新的关键。通过了解团队成员在多元智能上的特长，可以更好地分工合作。每个成员在不同智力类型上可能有独特的优势，合理分工可以使得每个人都能够充分发挥自己的长处。例如，具有逻辑数学智力的成员可以负责系统算法的设计，而具有空间智力的成员可以负责系统结构的设计。多元智能理论还应强调个体的差异，这有助于培养团队成员的相互尊重和理解。通过了解每个成员在多元智能上的特点，团队成员可以更好地理解彼此的工作方式和沟通方式，减少沟通障碍，提升团队合作效率。

团队协作中的多元智能还能够促进创新思维的碰撞。不同智力类型的成员在解决问题的过程中可能提出不同的观点和创意，通过充分沟通和协作，可以形成更为创新和全面的解决方案。例如，一个团队中既有擅长逻辑思维的成员，又有擅长艺术创意的成员，他们共同参与一个自动化系统的设计，可能会创造出更为独特和综合的作品。

综合而言，多元智能理论在自动化专业中的应用有助于培养学生的创新能力和团队协作能力。通过充分发挥学生在不同智力类型上的优势，能够构建更具创新性和多样性的解决方案，为未来自动化工程领域的发展提供更全面的人才支持。

六、人本主义学习理论

人本主义学习理论一路依托着以美国心理学先驱人物马斯洛和罗杰斯为代表的人本主义心理学逐步发展起来。人本主义从心理学的角度出发，主张人是一个整体，对其的研究也应该从整体出发，基于正常的个体，综合个体完整的心理情况，将更多的注意力置于个体的人格、信念、尊严和热情等高级的心理活动。因此人本主义学习理论通过“全人教育”的角度，透视学习者的成长历程，关注人性的发展；主张引导学习者结合自身认知和已有经验，挖掘潜在创造力，通过对自我的肯定，实现自我价值。人本主义心理学作为心理学界第三势力，不同于精神分析，更与行为主义大相径庭，其倾向于依据人的主观知觉和直接感受去洞悉其心理，更在意人格和天性，理想和追求，它认为一切为了实现自我价值而进行的创造对人的行为具有决定性影响。人本主义心理学家主张通过改变个体的信念情感来改变其行为，而要理解其行为，就必须要理解个体对世界的认知也就是要从行为者的视角去认知事物。他们批评行为主义把人类与一般动物混为一谈，因为人类是有别于普通动物的高等生命，两者的特性有本质的区别。相较于行为主义，认知心理学侧重人的认知架构，弱化了人在学习过程中本能情感态度及价值观的重要性，而这些恰恰又是最具人类特性的方面。人本主义心理学在教育上的意义是不主张客观地判定教师应教授学生什么知识，而是主张从学生的主观需求着眼，帮助学生学习他喜欢而且认为有意义的知识。人本主义支持者通过剖析学习者的认知水平、情感高度以及信念强度等，从学习者内心世界中寻找个体习得差异的重要原因。所以在创设利于学习者快速进入学习状态的情境时，需要基于“以学生为中心”的原则。这便影响了人本主义学习理论的研究方向是侧重在研究怎样创造一个有利于学习者积极进入的良好学习情境，使其能在其中用自我视角感知并理解，发展创造性学习过程，最终得以自我实现。

（一）人本主义学习理论的核心观点

1. 尊重个体价值与尊重自由

人本主义学习理论强调尊重个体的价值和尊重个体的自由，这是其核心观点之一。在自动化专业的教育中，人本主义理论提供了一种关注学生个体需求和发展的教育理念。

尊重个体价值意味着认可每个学生独特的品质和潜能。在自动化专业中，学生可能具有不同的智力类型、学科兴趣和职业追求。人本主义学习理论鼓励教育者充分了解每个学生，关注他们的个性特点，为其提供个性化的学习支持。例如，在课程设计中，可以考虑设置不同方向的项目，以满足不同兴趣和擅长领域的学生。

尊重个体自由强调学生在学习中的主体性和自主性。人本主义认为学生不应被视为被动接受知识的对象，而应被看作能够主动参与学习过程的主体。在自动化专业学生培养中，可以通过项目式学习、实践活动等方式激发学生的主动学习兴趣。例如，给予学生在实验设计和工程项目中的自主选择权，让他们更灵活地运用所学知识。

2. 人本主义与教育伦理

人本主义学习理论与教育伦理紧密相关，强调在教育过程中要关注个体的全面发展和道德伦理。在自动化专业的教育中，这体现在培养学生工程伦理和社会责任感方面。

人本主义学习理论强调教育要促使个体的全面发展。在自动化专业，这意味着不仅要培养学生的专业技术能力，还要关注其人文素养、团队协作能力等方面的发展。例如，通过引入人文社科课程、组织社会实践活动，培养学生对社会问题的思考和解决能力，使其具备更全面的发展。

人本主义学习理论关注教育的伦理性。在自动化专业中，教育者要引导学生正确处理科技发展与社会伦理的关系。例如，在教学中强调工程伦理，引导学生思考他们的技术应用对社会的影响，使其在实际工作中能够更负责任地应对伦理挑战。

人本主义学习理论强调培养学生的社会责任感。在自动化领域，技术的应用可能对社会产生深远的影响，而人本主义理论倡导的是以人为本、关注社会福祉。通过课程设计和实践项目，引导学生思考他们的专业技能如何服务社会，培养他们的社会责任感。

综合而言，人本主义学习理论在自动化专业的教育中提供了一种注重个体发展、尊重自由、关注伦理的教育理念。通过实践这些核心观点，可以更好地满足学生的个性化需求，培养具备全面素养和社会责任感的自动化专业人才。

（二）人本主义学习理论在自动化专业中的体现

1. 个性化学习环境的创设

人本主义学习理论在自动化专业中的体现之一是通过创设个性化学习环境，以满足学生的差异化需求，这体现在课程设计、教学方法和资源配置等方面[㊀]。

首先，个性化学习环境注重学生的多样性。在自动化专业中，学生的学科背景、兴趣、学习风格等方面存在差异。通过灵活运用多种教学方法，如项目式学习、小组合作、实践活动等，可以更好地适应不同学生的学习需求。例如，给予学生在项目中选择的自由度，让他们根据个人兴趣和发展方向参与不同领域的项目，激发其学习动力。

其次，个性化学习环境注重学生的参与和反馈。人本主义认为学习是一个主体参与的过程，因此在自动化专业中可以采用互动式的教学方法。例如，通过在线讨论、

㊀ 马吉建. 人本主义学习理论视角下信息化教学 CIPP 评价模式应用实践［J］. 教育观察，2021，10（2）：70-72.

实时反馈系统等途径，鼓励学生积极参与讨论和分享，使其在学习过程中感受到个体的价值和贡献。

最后，个性化学习环境注重学生的自主选择。在自动化专业中，学科知识的广度和深度都较大，个性化学习环境可以为学生提供更多的选修课程和研究方向。例如，设置专业方向选修课，让学生根据自己的兴趣和职业规划选择更符合个体需求的学科内容，提高其学习的针对性和深度。

2. 人本主义与学生心理健康

人本主义学习理论关注学生的整体发展，其中包括心理健康的培养。在自动化专业中，学习压力和专业挑战可能对学生的心理健康产生影响。人本主义的教育理念可以通过以下方式体现。

（1）关注学生的情感需求

人本主义学习理论认为学习是情感和认知的统一体，因此在自动化专业的教育中可以注重情感教育。例如，设置心理健康课程，帮助学生了解自己的情感状态，学会应对学业和生活压力，提升心理韧性。

（2）提供支持和指导

人本主义理论倡导教育者充当学生发展的引导者和支持者。在自动化专业中，可以建立导师制度，为学生提供个性化的学科和职业发展指导。通过与导师的互动，学生能够更好地理解自己的兴趣和优势，减轻学业压力，提升学业幸福感。

（3）强调学习与生活的平衡

人本主义学习理论认为学习应当符合个体的兴趣和生活价值。在自动化专业中，可以倡导学生注重工作与生活的平衡，通过设置弹性学习时间、鼓励参与兴趣小组等方式，使学生在学业之余能够享受丰富的生活。

综合而言，人本主义学习理论在自动化专业中的作用体现在创设个性化学习环境和关注学生的心理健康方面。通过这些举措，可以更好地满足学生的个性化需求，培养具备全面素养和健康心态的自动化专业人才。

第三节　大学生创新能力培养的重要意义

一、促进学生全面发展的需要

（一）创新能力与大学生素质的关联

在自动化专业学生培养中，创新能力与学生素质的紧密关联体现在多个方面。创新能力不仅塑造了学生的思维方式和问题解决的能力，而且深刻影响了综合素质的全面提升。通过参与创新性活动，学生在实践中持续锻炼领导、沟通和团队协作等多方面的能力，使其在全面发展的过程中更具备综合素质。创新能力对综合素质的影响表现在学生思维方式的拓展。参与创新性思维的培养使学生能够更灵活地应对各种复杂问题，从而提高了学生的学科专业水平。创新能力的培养还促进了学生领导、沟通和团队协作等综合素质的全面提升。这些综合素质在创新性活动中得以充分锻炼，使学生能够更加丰富地全面发展。与此同时，创新能力的培养还在根本层面影响了学生的终身学习能力。通过实际问题的解决，学生需要不断吸收新知识、应对新挑战，使其养成积极主动的学习态度和习惯。这种学习方式使学生更具备自主学习和持续学习的能力，与传统被动接受知识的学习方式形成鲜明对比。

在自动化专业，创新能力培养与学科素养相辅相成，相互交织，为学生全面发展提供了有力支撑。创新能力的培养与学科素养的深度融合，使学生在解决实际问题时不仅能够灵活运用学科知识，还能够提出创新性解决方案。具体而言，创新能力的培养激发了学生对学科知识的深度思考。在追求创新解决方案的过程中，学生通过思辨和创造性思维，深刻理解学科内涵，形成对知识的扎实掌握。这不仅丰富了学生对学科的理解，还激发了他们对学科知识的深度思考。学科素养为创新能力提供了必要的知识基础。创新不是“空中楼阁”的理论，而是建立在对学科知识的深入理解和熟练掌握之上。学科素养使得学生在追求创新时能够站在前人的肩膀上，更好地理解问题的本质，提出具有前瞻性的解决方案。

因此，创新能力与学科素养的交互作用不仅使学生在专业领域更具竞争力，也为他们未来的发展奠定了坚实的基础。在自动化专业的学科学习中，创新能力与学科素养的交互作用为学生全面发展提供了充足的动力来源。

（二）创新能力对学生综合发展的促进

创新能力在自动化专业学生全面发展中扮演着关键角色，不仅提高学科水平，更深刻影响学生的多元素质的全面提升。创新能力的培养注重多元思维模式的塑造，这包括对问题的多角度思考，涉及跨学科的综合性思维[㊀]。在创新性活动中，学生被引导思考问题时，需要考虑不同维度的因素，展现更为全面的思维能力。培养多元思维使学生在自动化专业内形成全面的知识结构，同时培养了解决问题的广泛视角，为全面发展奠定了基础。

自动化专业的学科交叉使得学生具备综合应用学科知识的能力。创新能力在学科交叉中的作用体现在学生能够将不同学科领域的知识有机结合，提出全新的解决方案。这要求学生具备扎实的学科素养，同时需要他们具备创新思维，能够在学科交叉的边缘拓展新领域。因此，创新能力的培养不仅促进了学生在自动化专业内的综合发展，也为学科交叉提供了有力支持。

通过创新能力的培养，学生的综合素质将得到更为全面的提升。他们不仅是在特

㊀ 杨鹏，莫岳平，史旺旺，等. 学生创新和实践能力培养的内容与途径［J］. 中国现代教育装备，2010（5）：143-145.

定领域内的专业人才，更是具备了“多元素”素质，有能力在不同领域中脱颖而出。这不仅有助于个体的全面发展，也更好地满足了自动化行业对综合型人才的需求。

（三）创新能力培养与个体兴趣爱好紧密相连

创新能力培养不仅关乎学科知识和综合素质的提升，更与个体的兴趣爱好息息相关。个性化培养模式通过与兴趣结合，为学生全面发展提供了更为广阔的空间。创新活动本身往往涉及跨学科、跨领域的内容，为学生提供了探索自身兴趣的机会。通过参与创新项目，学生可以接触到不同领域的知识，激发兴趣点。这种广泛的知识涉猎有助于学生更全面地认识自己的兴趣所在，从而形成更为明确的个人发展方向。例如，一个对机器学习有浓厚兴趣的学生通过参与相关创新项目，不仅深化了对该领域的了解，还可能在团队协作中发现自己对领导力的热衷。

个性化培养模式强调对学生差异化需求的关注，将兴趣作为个体发展的关键引导因素。通过了解学生的兴趣特点，制定相应的培养策略，使创新能力培养更符合个体的发展方向。例如，一些学生更喜欢独立思考，个性化培养模式可以为其提供更多自主研究和创造性实践的机会。而对于喜欢团队协作的学生，可以设计更强调协同创新的项目。通过这种个性化的培养，学生更容易在兴趣中找到学科深度和广度的平衡点，进而形成全面发展的能力结构。

通过加强创新能力培养与个体兴趣爱好之间的关系，不仅能够更好地激发学生的学科热情，还能够为其未来的职业发展提供有力支持。这种关系的理解和运用将促使学生更好地融入创新活动，使创新能力培养更具个性化和深度。在大学生涯中，个性化的培养不仅关系到创新能力的全面发展，更关系到个体未来职业生涯的成功与否。

二、提升学生实践能力的重要方面

（一）创新能力与实践能力的协同关系

1. 创新能力对实际问题解决的促进

创新能力与实践能力之间存在密切的协同关系，二者相辅相成，共同推动学生全面发展。创新能力的培养不仅是学科知识的传递，更是对实际问题解决的培养。在创新项目中，学生常常面临现实生活中的复杂问题，这些问题往往不容忽视且难以简单套用已有知识解决。因此，培养创新能力迫使学生更加注重实践，通过实际的思考和实践，不断迭代提升解决问题的能力。

创新能力的培养涉及对未知领域的探索，这种探索往往需要学生具备较强的实践能力。在解决实际问题的过程中，学生需要通过实地调研、数据分析、原型设计等实践手段，逐步深入问题本质。这种实践不仅是对理论知识的应用，更是对实际场景的深度理解。通过实践，学生能够更好地将创新能力转化为解决问题的实际能力，从而培养出更具实践价值的创新人才。

在创新能力的培养中，注重解决实际问题的过程，有助于学生更全面地发展实践能力。通过实际问题的引导，学生将不仅关注理论层面，更会着眼于实际应用，培养出更具实践能力的创新者。这样的培养模式既提升了学生解决实际问题的能力，也加强了其对实际应用场景的理解。

在解决实际问题的过程中，创新能力得以发挥最大的作用。通过与实际问题的交互，学生能够更全面地理解问题的复杂性，从而培养其解决问题的实际能力。因此，创新能力与实践能力的协同关系不仅对学生的个人发展有积极作用，也有助于为社会培养更具实际应用价值的创新型人才。

2. 实践活动对创新思维的锻炼

实践活动在学生创新能力培养、创新思维锻炼中扮演着“实战演练”的角色。通过参与实际项目，学生在解决问题的过程中逐渐培养了创新思维的核心要素。实践活动的复杂性要求学生具备跨学科的能力，需要融合不同领域的知识来解决现实问题。在这个过程中，学生需要主动地进行学科融合，形成创新性的解决方案。这种跨学科的锻炼不仅培养了学生对多样知识的掌握能力，更促使其在实际问题解决中形成独立思考的习惯。

创新思维的培养也离不开对实际问题的深度思考。实践活动中，学生需要对问题进行分析，提出解决方案，并在实际操作中不断验证和改进。这种循环的思考过程，培养了学生对问题本质的敏感性和深度思考的能力。实践活动要求学生在解决问题时不仅要有创新的灵感，更需要通过逻辑推理、实证研究等方法形成系统性的创新思维。在实际项目中，学生通常需要与团队成员合作，共同解决问题。这种团队协作锻炼了学生的沟通、协调和领导能力，使其更好地适应未来工作中的团队环境。

通过实践活动对创新思维的锻炼，学生不仅具备了解决实际问题的能力，更培养了在未知领域中独立思考和创新的能力。这种创新思维的培养不仅对学生个人职业发展有积极影响，也为社会培养了更具创新力的人才。

（二）实践活动对创新能力的具体影响

实践活动对学生创新能力的培养具有明显而直接的影响，尤其是在项目实践和社会实践中，这种影响更为具体和深刻。

首先，项目实践促使学生形成系统思维。在解决实际问题的过程中，学生需要考虑问题的多个方面，不仅是技术上的可行性，还包括市场需求、社会影响等因素。这种综合性的思考使得学生形成系统性思维，培养出从多个角度看待问题的能力。而项目实践强调的是解决方案的实际可行性。学生在项目中不仅需要提出理论上的创新点，更需要将这些点转化为实际可实施的方案。这要求学生具备将创新点具体化的能力，激发了他们在实际操作中寻找解决方案的动力。这就意味着，项目实践是一个团队协作的过程。在团队中，学生需要协同工作，与不同专业背景的成员合作。这种团队协作锻炼了学生的沟通、协调和领导能力，使其更好地适应未来工作中的团队环境。

其次，社会实践强化了学生对社会问题的敏感性。通过与社会互动，学生更加直观地感受到社会的需求和问题。这种敏感性使得学生在未来的创新活动中更容易定位问题，提出有针对性的解决方案。社会实践锤炼了学生的实际操作能力。在真实的社会环境中，学生需要将理论知识转化为实际操作，这培养了他们的实际操作能力。这种能力对于创新能力的培养至关重要，因为创新不仅停留在理论层面，更需要在实际中得以应用。

最后，社会实践提升了学生的职业素养。在社会实践中，学生往往需要与行业专业人士接触，这有助于培养他们的职业素养。学生通过社会实践不仅能够了解行业的发展趋势，还能够建立起自己在行业中的社会网络，这对于未来的职业发展息息相关。

通过项目实践和社会实践，学生的创新能力得以更为全面、具体、深刻地培养。这两者相辅相成，既锻炼了学生的思维能力，又培养了他们在现实中解决问题的实际能力。这样的创新能力培养不仅对学生个人职业发展有积极影响，也为社会培养了更具实际应用价值的创新型人才。

（三）创新能力与团队协作的共生关系

创新能力和团队协作相互交织，构成一种“共生”关系，共同推动学生实践能力的提升。团队协作是创新能力培养的理想途径之一，因为在团队中，学生需要不断与他人交流、分享和整合思想，从而在合作中挖掘创新的可能性。

在团队协作中，学生可以通过共享不同领域的知识和经验，激发出更多创新的火花。团队成员可能具备各自不同的专业背景，这为问题的综合解决提供了更多的视角。在共同的目标下，学生可以通过融合不同领域的思维方式，形成更具创造性的解决方案，同时，团队协作锻炼了学生的沟通与协调能力，这是创新中不可或缺的一环[⊖]。学生在团队合作中需要有效地传达自己的想法，理解并尊重他人的观点，协调分工，最终形成共识。这种协作过程中培养的沟通技巧和协调能力直接促进了创新能力的发展。团队协作还提供了一个真实的社会环境，学生在这个环境中经历了困难、冲突、协商等过程。这些经历让学生更好地适应未来工作和生活中的复杂情境，为创新提供了更为真实和可行的场景。

此外，学生可以通过在团队中担任重要角色来锻炼领导力。领导者往往需要在团队中发挥引导作用，鼓励成员提出新的观点，激发创新思维。通过担任领导职责，学生能够培养出推动创新的动力和能力。在团队协作中，学生需要学会如何有效地激励团队成员，激发他们的创造潜力。这包括理解团队成员的个体特点，通过合理的激励手段引导他们参与到创新过程中。培养创新领导力还需要学生具备团队管理的能力。这包括任务分配、决策协商、解决团队内部问题等方面的技能。通过团队协作的实践，

⊖ 李彦龙，贺业光，李秉硕，等.“项目为牵引、团队为核心”的大学生创新训练机制探索与实践［J］.高等工程教育研究，2023（S1）：138-140.

学生可以逐渐领悟到如何通过有效的管理手段促进团队的创新工作。

通过团队协作，学生不仅能够锻炼创新能力，更能够培养出创新领导力，使他们在未来的职业发展中更具竞争力。这种创新领导力的培养不仅服务于个体的发展，也为整个团队的创新潜力释放创造了有利条件。

三、实现我国现代化人才培养的需求

（一）创新能力对国家现代人才培养的贡献

大学生创新能力的培养对实现国家现代化战略的贡献显得尤为重要。自动化作为一个涉及广泛领域的专业，其为科技发展和产业升级提供了大量具备创新能力的人才。

自动化专业的学生在创新能力的培养过程中，不仅需要深厚的专业知识，更需要具备跨学科的能力。自动化系统往往涉及计算机科学、电子工程、机械工程等多个领域，而这正是创新的源泉。学生在项目中的实际操作，可以激发他们对于不同领域交叉性的理解和运用，从而推动科技发展的跨界融合。此外，自动化专业的发展与国家的科技水平密切相关。培养具备创新能力的自动化专业人才，将有助于推动国家在智能制造、自动控制等领域的科技发展。通过参与创新性的项目，能够更好地理解自动化技术在实际应用中的潜力，为国家科技的持续创新提供有力的支持。

自动化专业的学生在创新能力培养过程中，不仅学到了最新的技术知识，更培养了解决产业实际问题的能力。这使得他们在毕业后能够更好地适应产业升级的需求。一方面，创新能力的培养使得自动化专业的学生更加擅长解决实际问题。通过参与创新项目，学生在实践中不断提升解决问题的能力，这为他们未来投身自动化产业提供了强大的实践基础。另一方面，自动化专业的学生通过创新活动培养的团队协作能力对产业升级起到积极促进作用。在团队合作中，他们学会了如何协同工作、如何共同解决难题，这种团队协作的精神将成为未来推动产业升级的关键因素。通过培养自动化专业学生的创新能力，不仅能够满足国家科技发展的需求，同时也为自动化产业的升级提供了强有力的人才支持。这一支持将在未来推动自动化产业更加健康、可持续地发展。

（二）创新能力培养与社会需求的协同

在实现我国现代化人才培养的需求方面，创新能力的培养与社会需求的协同发展是至关重要的。这一过程不仅需要满足行业发展的需求，还需要与社会创新的需求相契合，使大学生创新能力真正成为社会发展的推动力。大学生创新能力的培养应当与行业发展的需求密切相关，以满足不断变化的职业要求。在自动化专业中，创新能力的培养需要紧密结合自动化领域的最新技术和趋势。通过开设相关的实践课程和项目，使学生在学习过程中能够直接接触并深入理解自动化领域的最新技术。这不仅有助于学生更好地适应未来工作的需求，也能够推动自动化产业的技术创新。通过与企业合作、参与实际项目，学生能够了解行业内最新的挑战和机遇，获得适应行业变化的能力。

社会的创新需求是多样而广泛的，大学生创新能力的培养需要能够满足社会多领域、多层次的创新需求。创新能力培养应当注重学生的实际问题解决能力。通过项目驱动式教学、实践活动等方式，使学生在解决实际社会问题的过程中不断提升创新思维和实际操作能力。这有助于将创新能力从理论层面转化为实际应用，满足社会对问题解决者的需求。另外，社会对创新型人才的需求越来越强调跨学科的综合能力。大学生创新能力的培养应当在课程设置和实践活动中促使学生涉足不同领域，培养他们具备多学科综合运用的能力。这样的跨学科培养有助于满足社会对于全面发展型人才的需求。

大学生创新能力的培养不仅能够满足行业的发展需求，更能够使学生在社会中充分发挥创新力量，成为社会进步和发展的推动者。

1. 民族培养创新型人才的现实需要

我国要想强于其他国家，就需要在软硬实力两方面双管齐下，以谋求共同的进步和发展。当前，加强我国的大学生创新能力培养，能够充分发挥大学生的才智与力量，带动我国的科技及文化创新进步，而当这些创新进步积累至一定量时，会以量变引起质变的形式，进一步带动我国的软硬实力持续提升，这样以大学生为核心，实现我国的科技与文化创新，再以科技与文化的创新推动我国的软硬实力共同发展，发展结果转而推动教育改革，作用于当代大学生的良性循环，需要我国大力推进大学生创新能力培养。

创新，于一个民族而言，是不容或缺的重要推动力，也是切实提高一个国家国际地位的关键性保障因素。时至今日，国家间的竞争，表现上凸显的是不同国家间综合国力的较量，但本质上其实强调的是国家间人才实力以及科学技术间的比拼。细数人类历史，纵观历史的更迭变化，不得不承认，从古至今，人类历史的发展都遵循相同的规律，即墨守成规、因循守旧，是无法谋求国家和民族更长远的出路的，而创新却能够为国家和民族的进步和发展带来更多的机遇和空间。其实，人类历史迄今有 600 多万年，很多即便有迹可循，人们也没有依据深究其中的更迭变化，但从我国的几千年历史文明更迭不难深刻反映出这一规律。清朝闭关锁国期间经历的一切就足以充分印证这一规律。正是由于当时清朝的闭关锁国政策，导致我国在这一时期的政治、经济以及科技、文化等诸多领域，较之于世界各国更为落后，最终致使我国与全世界的发展节奏难以保持一致，与世界发展轨迹脱轨成为大势所趋。

今天的国家间竞争早已不再是以产品为基础的竞争，而是以创新能力为核心的综合国力方面的竞争。因此，高素质创新型人才越多，这样的国家和民族竞争的优势越明显，所能够获得以及掌握的国际事务管理话语权也就更高。虽然今天人们的生活水平不断提升，但是从社会大局观的角度来讲，国家所面临的国际竞争局势是极其严峻的。因此，以习近平同志为核心的党中央，对于“创新”二字的重视程度极高，提出“大众创业，万众创新”的全民号召，希望人们在不断追求创新与创造的过程中，进一步实现自身的精神追求，凸显自身的存在价值。尤其“双创”理念提出后，越来越多的人积极参与到创新创业中，为我国的社会进步和国家建设发展，催生了新的供给方向，释放了更多的需求需要，在推动我国的社会稳定发展方面，发挥不容忽视的重要作用。

为了直面新时期我国在科技领域以及经济全球化方面面临的严峻挑战，不断拉近我国和其他发达国家之间的发展差距，提升自身在国际竞争中的优势地位，我国必须在创新领域，取得更多突破性进展，更好的谋求科技进步发展，只有实现全民族创新能力的综合提升，才是真正实现了民族创新型人才的培养，这样的培养手段也才是最佳的。故而，提高大学生创新能力，是当前我国着重培养助力民族发展的创新型人才的现实需要。

2. 高等教育与时俱进的人才培养现实需要

教育于国家民族而言，是不可或缺的谋求长远发展的动力之源，也是一个国家最重要的立国之本。大学生承担着国家和民族未来发展和建设的重担，是国家的未来与栋梁，也是我国大力落实创新型国家建设的主力军团队和青年生力军。因此，当代大学生群体的创新思维以及创新能力水平高低，直接决定了我国的未来社会能否走向兴旺发达。

于个体而言，创新能力不是与生俱来的，而是后天基于各种创新实践获得的，需要人们先在自我的头脑中产生各类基于现实又游离于现实的创新意识活动构想，再将这些感性上的构想升华至理性上的实践探索，最终实现感性到理性的质的飞跃，以实践证实创新意识活动构想的可行性，进而提升创新能力，获得创新结果。因此，当代大学生的创新意识与能力培养不可顺其自然，也不可过于扩大学生个体已有的创新潜力，任由学生以创新潜力为“筏子”自由成长。因为创新潜力要转化为可用的创新能力，需要学校、教师与学生参与到系统性的创新教育实践活动中。当然，大学生创新能力培养过程中需注意以下两点。一是提高高等教育质量对于更好地满足社会经济发展有显著作用，而这要求学校在专业设置上结构合理。二是从教师队伍的建设与发展入手，充分落实当代大学生的创新实践能力与精神，在人才培养模式创新及教学方式方法、内容选择等方面有所改革与完善，以社会现实需求为前提落实创新人才培养工作。

只有不断深化高等教育改革，实现创新人才培养实力的提升，我国的高素质创新型人才培养结果才能更符合社会发展的现实需要。鉴于此，国内各高校在教学改革中，应遵循社会经济发展的规律，在此基础上落实教学质量的提升，这样学校才能充分发挥教育优势，在开展新时期教育改革的同时，落实素质教育，以此支持大量创新人才的成长。除此之外，学校通过现代教育的评价策略，以综合素质评价的形式和过程为依据，对大学生的创新能力培养结果进行有效评价，并以此为核心，将现代教育的评价导向作用作为教育优化的杠杆，以提升教学质量，创新改革教育方式，将当代大学生的创新能力培养与高校教育改革充分结合起来，建设更多充分遵循时代发展实际的全新且高质量的现代教育机制。因此，加强高校大学生创新意识培养，切实提升大学生的创新能力，是我国现代化教育改革的要求，同时也是现代化教育改革的必然选择与重要结果。

3. “中国梦”实现的创新驱动现实需要

“中国梦”是一种时代理念的体现，是人们对自信自由的理想和个人价值实现的追求。以市场配置供求为前提，人们所获得的个体劳动价值，需要先转化为社会需求再得到肯定。因此，产品及服务的质量凸显出极强的发展性及创新性。而创新性会伴随社会进步，让我国的经济、文化及政治等诸多领域和层级面临更多的新要求，这些新要求最终又通过个体不断创新得到满足。人们在逐梦过程中逐渐走向成熟与发展，这样的变化与国家走向强大的过程相一致。“中国梦”为人们清晰绘制了祖国的未来发展蓝图，其中映射出的社会发展新要求与新挑战也是不容忽视的，必须以人才培养问题的高效解决来推动我国的生产力创新发展。

想通过自力更生实现“中国梦”，谋求创新发展是可行之道，大量培养高素质创新型人才则是前提与明智选择。人们总结改革开放初期我国所取得的发展成效和所积累的经验，就会发现，这就是典型的创新的感性到理性的升华的结果，创新带来的质变发展有目共睹，而这又何尝不是坚持与推动改革发展所获得的新红利。随着竞争领域更具深度与广度，产业科技层次也明显提升，对高素质创新型人才的需求量越来越大。而大力加强当代大学生创新能力的培养，可以充分带动科技及文化的创新，进而让更多全新的行业领域被催生出来，这本身对于推动我国的就业，以及提升经济发展就有双向的积极作用。例如，大力推进科技创新，对于我国的清洁能源等诸多现有领域的发展也有推动升级的作用，可以加快这些行业领域的产品研发速度与水平，这样既可以解决当下我国存在的一些行业领域实际问题，也能够实现这些行业领域科技水平的提升。创新是一个国家软实力的重要体现。通过创新，可以提高国家的国际竞争力和影响力，塑造积极向上的国际形象。创新的成果可以成为国家对外交往和交流的重要资本，提升国家在全球事务中的发言权和影响力。创新还可以推动传统产业的升级和新兴产业的发展，提高经济发展的质量和效益。通过创新，可以培育新的经济增长点，适应经济结构调整和变革的需要。创新能力的提升还可以为解决我国当下的环境污染、资源短缺、人口老龄化等社会问题提供有效的解决方案。因此，大力加强大学生创新能力的培养，对于提高我国整体的生产力水平，实现国民经济良好发展，最终实现

"中国梦"具有重大意义。

（三）创新能力对个体职业发展的影响

1. 创新能力在就业市场中的竞争优势

结合当前的全球市场环境及我国社会经济的发展情况，在当今竞争激烈的就业市场中，创新能力是大学生能够在行业内脱颖而出的必要因素之一。创新能力体现了个体对知识的创造性运用和对问题的独立解决能力。在自动化专业中，这意味着具备创新能力的学生能够面对复杂的技术难题，提出独特而有效的解决方案。创新能力也涉及对新技术、新理念的及时适应和应用。自动化领域的快速发展要求从业者具备持续学习和创新的能力，这也是企业在招聘中极为看重的一点。创新能力强的大学生更容易适应行业的发展变化，为企业带来更多的价值。学生的独立完成或带领团队完成项目、申请专利、发表学术论文等经历可以增加求职简历的吸引力，从而引起用人单位的关注。创新能力还与团队协作和沟通能力紧密相关。在自动化项目中，往往需要团队成员之间高效的协作与信息共享。具备创新能力的个体更容易融入团队，通过创新思维为团队提供新的方向和动力。

综合而言，创新能力在就业市场中是一种强大的竞争优势。自动化专业学生通过系统培养和实践，能够在求职过程中展现出独特的技能和思维，更有可能获得理想的就职机会。

2. 创新能力对职业晋升的作用

创新能力对于大学生职业晋升至关重要，不仅能提升个体竞争力，更是未来领导者的必备素养。

我们需要明确创新能力的定义。在自动化专业中，创新能力不仅包括技术创新，更涉及对问题的独立思考、解决复杂问题的能力，以及在团队中推动新思想、新方案的能力。在职业晋升中，领导层更加注重个体的创新能力。创新能力使个体能够更好地适应不断变化的工作环境，同时具备危机应对和问题解决的能力。在自动化专业中，这意味着能够领导团队应对复杂的工程问题、提出创新性解决方案，使整个团队在行业中脱颖而出。

创新能力在职业晋升中不仅是技术创新，更是涉及创新领导力的发挥。创新领导力是指在领导层中，能够推动团队和组织不断创新，引领未来方向的领导才能。在自动化专业中，具备创新领导力的个体能够在项目中指导团队应对技术挑战，提出前瞻性的解决方案，使整个团队在行业中取得领先地位。创新领导者能够鼓励团队成员提出新思路、尝试新方法，营造积极创新的工作氛围。

随着企业的不断发展和多元化，对于个体的跨界管理能力提出了更高要求。创新能力不仅体现在技术领域，还包括跨学科的合作和创新。在自动化专业中，这意味着具备创新能力的个体能够涉足不同领域，对于整个企业的创新发展具有更强的推动力。

综合而言，创新能力对于职业晋升有着不可忽视的作用。在自动化专业中，通过系统的培养和实践，个体能够发展出独特的创新视角和领导力，从而更好地应对职业发展中的挑战，成为未来行业的领军人物。

第三章 国外大学生创新能力培养模式经验及启示

3

第一节 美国大学生创新能力培养模式

一、美国创新能力教育定位

美国一直以来都以创新能力教育为重要定位。在美国教育系统中，注重培养学生的创造力、批判性思维和解决问题的能力。这种定位的目的是为了使学生在面对未来的挑战时能够灵活应对，并为社会和经济发展做出贡献。在美国学校教育中，创新能力被视为重要的核心素质。学生被鼓励思考问题、提出新思路和解决方案。通过鼓励学生的创造力和独立思考能力，教育系统希望培养出具备创新能力的学生，他们能够在不同领域做出突破性的贡献。同时，美国教育系统也注重培养学生的批判性思维能力。学生被鼓励分析问题、评估信息和表达观点。这种培养方式旨在让学生具备辨别真伪、思考复杂问题和做出明智决策的能力。这样的教育定位有助于学生形成独立思考的能力，培养创新思维。解决问题的能力也是美国教育系统的重要目标。学生被鼓励面对挑战并寻找解决方案。他们在课堂上经常参与到实际问题中，通过团队合作和实践经验来解决问题。这种教育方式旨在培养学生的实践能力和解决实际问题的能力，使他们能够在未来的职业生涯中具备创新能力。这种教育定位有助于培养学生的独立思考和创新思维，使他们能够在未来的社会和经济发展中做出重要贡献。

美国是一个多元文化的国家，由各个移民群体组成，拥有丰富的文化和民族多样性。它也是一个发达的工业化国家，拥有强大的经济实力和全球影响力。美国教育体系非常注重多元性和创新性。学生可以选择各种不同的学科和专业，根据自己的兴趣和能力进行学习。学校也鼓励学生发展独立思考和创新能力，培养他们成为具备批判性思维和解决问题能力的个体。美国高等教育机构致力于培养具备创新能力的人才。

他们注重培养学生的独立思考和解决问题的能力，鼓励学生参与科研和创新项目，培养他们的团队合作和领导能力，同时提供实践机会和实习项目，让学生能够将所学知识应用于实际情境中。哈佛大学是美国一所著名的高等教育机构，其创新培养方式备受瞩目。哈佛大学鼓励学生进行跨学科研究，通过开设多个学科的课程和项目，培养学生的综合素质和批判性思维能力，此外，哈佛大学还提供丰富的实践机会和创新项目，鼓励学生积极参与社会实践和研究[㊀]。在现代社会中，知识转移和领导能力具有重要的作用。美国高等教育机构注重培养学生的知识转移能力，即将所学知识应用于实际情境中解决问题。同时，他们也重视培养学生的领导能力，鼓励学生在学校和社区中承担领导职责，培养他们的团队合作和领导才能。

美国高等教育机构非常重视学生的创新能力。他们鼓励学生进行科研和创新项目，提供丰富的资源和支持，培养学生的创新思维和解决问题的能力。许多学校还设立了创新中心和创业孵化器，为学生提供创新和创业的支持和指导。这种对创新能力的重视使得美国大学培养出了许多杰出的创新人才。美国创新能力教育强调独立创新精神的教育文化有助于培养学生的创造力和创新能力。美国大学生被鼓励去质疑传统观念，积极探索新的领域，以新的方式解决问题。这种学习方式不仅扩展了学生的知识范围，还培养了他们的批判性思维和解决问题的能力。此外，美国高等教育的个性化教育方式也为学生发展自己的才能和潜能提供了机会。学生可以根据自己的兴趣和目标选择课程和研究方向，制定有远见的人生计划。这种个性化的教育方式鼓励美国大学生独立思考和自主学习，帮助他们发展解决问题的能力。

二、美国大学生创新能力培养体系

（一）美国大学生创新能力培养体系的特点

1. 法律保障

美国教育体系受到法律保护，确保学生能够接受公平和高质量的教育。相关法律和政策保障学生的权益，鼓励学校和教育机构提供创新教育。美国公立教育法案（Public Education Act）确保了所有学生都有平等接受教育的权利，并规定了公立学校的义务和责任。无障碍教育法案确保了残疾学生能够获得适当的教育服务和支持，包括个性化的学习计划和资源。公平教育法案禁止在教育领域进行任何形式的歧视，确保学生不受种族、性别、宗教、民族等因素的影响。联邦教育政策（Federal Education Policies）则是联邦政府通过一系列政策和资金支持，鼓励学校和教育机构提供创新教育，促进学生的全面发展。这些法律和政策保障了学生的权益，促进了公平和高质量的教育机会。同时，它们也鼓励学校和教育机构提供创新教育，培养学生的创新能力

㊀ 路璐. 美国大学生创新能力培养的思考及启示——以哈佛大学为例［J］. 中国电力教育，2013（35）：18-19.

和创造力。

美国大学生创新能力培养体系得到了法律和政策的保障。美国政府通过教育法案等法律规定，要求学校系统为学生提供全面的教育，包括科学、技术、工程和数学（STEM）领域的教育[⊖]。这些法律要求学校加强 STEM 教育，并提供相关的资源和支持，以培养学生在创新领域的能力。其中一项重要的法律是“美国竞争法案”（America COMPETES Act），该法案于 2007 年通过，旨在提高美国科学、技术、工程和数学（STEM）领域的创新能力。该法案为科学研究和教育提供了资金支持，并鼓励高校和研究机构加强创新教育。此外，美国还有一系列法律和政策保护学生和教育机构的创新权益。例如，美国版权法保护创新作品的知识产权，鼓励学生和教育机构进行创造性的研究和创新。此外，专利法保护发明和创新的独立性，给予创新者专利权。这些法律的保护确保了大学生创新能力培养体系的稳定发展，鼓励学生和教育机构进行创造性的研究和创新，为美国科技进步和经济发展做出了重要贡献。

2. *以学生为中心的教育理念*

美国大学生创新能力培养体系中，以学生为中心的教育理念是一种重视学生的个性发展和自主学习的教育方法。这一理念强调学校和教育机构应该为学生提供多样化的学习机会和资源，以满足他们的个体差异和兴趣需求。在以学生为中心的教育理念下，教师的角色变得更像是引导者和指导者，而不仅是知识的传授者。他们致力于了解每个学生的学习风格、目标和兴趣，并根据这些信息来设计个性化的学习计划和教学活动。在美国教育体系中，创新能力的培养是以学生为中心的教育理念的重要组成部分。这个体系注重激发学生的创造力和创新思维，鼓励他们在学习过程中提出问题、追求新的解决方案，并将学习应用于实际问题中。

学生在美国教育体系中被视为主体，鼓励他们主动参与决策和规划自己的学习。教育注重培养学生的自主学习能力和创造力，而非单纯的死记硬背。这种教育理念旨在激发美国大学生的学习兴趣和潜能。首先，学生在美国教育中被赋予更多的自主权，有机会参与决策和规划自己的学习路径。这样的参与使美国大学生能够追求自己真正热爱的领域，并在其中发展创新能力。其次，美国教育注重培养大学生的批判性思维和解决问题的能力。学生被鼓励思考、实验和探索，而不仅是被动地接受知识。他们被鼓励提出问题，挑战现有观念，并寻找新的解决方案。这种学习方式培养了美国大学生的创新思维和创造性解决问题的能力。最后，美国教育体系也强调理论与实践的结合。美国大学生有机会将所学知识应用于实际情境中，解决真实的问题。这种实际经验帮助学生培养创新思维和实践能力，并将学习与现实世界联系起来。这样的教育体系旨在培养美国大学生的创新能力，使他们能够在不断变化的社会和职业环境中取得成功。

⊖ 赵霞. 美国高校培养学生创新能力的成功经验及启示［J］. 连云港师范高等专科学校学报，2009，26（4）：68-70.

3. 灵活的教育制度

美国教育制度具有较高的灵活性，学生有机会选择自己感兴趣的课程和专业。一方面，大学提供多样化的学科和课程，鼓励学生跨学科学习和综合运用知识。美国教育体系允许学生在不同的学科领域中选择自己感兴趣的课程，学生可以根据自己的兴趣和目标来选择学习内容，这有助于培养他们的个人才能和兴趣。另一方面，美国教育制度也支持学生的多样化发展。学生在大学阶段可以选择参加各种俱乐部、社团和体育活动，以培养他们的领导能力以及团队合作和社交技能，学生还可以通过选修课程和国际交流项目来拓宽自己的视野，了解不同的文化和全球问题。美国大学教育也注重实践经验和实习机会，帮助学生将理论知识应用到实际中，增加他们的就业竞争力，这种灵活性使得美国教育制度备受国际学生和家长的青睐。

在美国，教育体系注重培养学生的创新思维和实践能力，鼓励学生主动探索和动手实践，而非仅仅注重传授知识和理论。这种灵活的教育制度为学生提供了更多的自主学习和自我发展的机会。美国大学生创新能力培养体系也注重跨学科的融合。大学生可以选择不同领域的课程和项目，以培养广泛的知识和技能。这种跨学科的教育模式有助于培养学生的创新思维和解决问题的能力。此外，美国大学生创新能力培养体系还注重实践经验，将所学知识应用于实际情境中。这种实践经验不仅加强了学生的实际能力，还培养了他们的团队合作和领导才能。美国大学生创新能力培养体系也注重创业精神的培养。学生在校期间可以接触到创业教育和资源，鼓励他们创造自己的机会并实现自己的创业梦想，为学生提供了良好的创新能力培养环境。

4. 多元化的评价体系

美国大学生创新能力培养体系是多元化的，并且拥有一个多层次的评价体系。美国评价体系不仅注重学术成绩，还注重学生的综合能力和创新能力的培养。除了考试成绩，学生还会接受项目作品、实践经验、口头演讲等多种评价方式，以全面评估他们的能力和潜力。学术评价是美国大学生创新能力培养体系中的重要组成部分，在学术评价中，学生的学术成绩、研究能力、学术论文等被用来评估他们的创新能力[㊀]。学术评价通常由学校、教师和学术机构进行。

而实践评价是指对学生在实际项目中的表现进行评价。这包括实习、实验、项目和创业等实践经验。通过实践评价，学生可以展示他们在实际问题解决、创新思维和团队合作等方面的能力。通常来说，专业评价是指对学生在特定专业领域的知识和技能进行评价。这包括通过专业考试、实践项目和专业证书等方式对学生的专业能力进行评估。专业评价可以帮助学生在特定领域中发展创新能力。综合评价是对学生整体能力的评价，这包括学生的学术成绩、实践经验、专业能力、创新项目等方面的评估。综合评价可以帮助学生了解自己在不同领域中的优势和不足，并制定相应的发展计划。

㊀ 田放．美国大学生创新能力的培养及思考［J］．山东工业大学学报（社会科学版），2000（4）：21-23.

美国大学生创新能力培养体系的多元化评价体系能够全面、客观地评估学生的创新能力，并为他们提供发展的机会和指导。这种评价体系促进了学生的全面发展，提高了他们的创新能力。

（二）美国大学生创新能力培养体系的表现

1. 教育系统

美国教育系统是一个多层次的系统，由联邦、州和地方政府共同管理。受教育在美国被认为是每个人的权利，因此义务教育是强制性的，从幼儿园到高中。幼儿园通常接收3~4岁的儿童，为他们提供基本的学前教育。小学一般从5岁开始，持续到11或12岁。在小学，学生学习基础学科，如数学、科学、英语和社会研究，并开始接触其他学科，如音乐、艺术和体育。中学（初中和高中）包括6~8年级和9~12年级。在这个阶段，学生开始接受更深入的学科教育，并有更多的选择来满足他们的兴趣和职业目标。高中生还可以选择参加大学预科课程，以为大学入学做准备。大学教育在美国是高度多样化的，有公立和私立大学，以及社区学院和职业学校。大学通常提供学士、硕士和博士学位。大学教育在美国非常重视实践经验和综合能力的培养，学生通常需要参加实习、社区服务和研究项目。此外，美国还有一些特殊教育机构，如职业培训学校和特殊教育学校，用于满足特定学生群体的需求。美国高等教育机构在培养创新能力方面发挥着重要作用。许多著名的大学和研究机构在科学、技术、工程和数学等领域拥有世界领先的研究资源和实验设施。这些学校注重学生的实践和创新能力培养。学生可以参与各种研究项目，与教授和其他学生合作，探索新的领域和解决实际问题。此外，许多美国大学还设有创业中心和开展创业竞赛，鼓励学生将他们的创新想法转化为商业机会。除了大学，美国还有许多创新教育机构和计划，如科技创业加速器、科技创新中心等，为学生提供了更多的机会和资源来培养创新能力。总的来说，美国教育系统提供了丰富的创新教育资源和机会，帮助学生培养创新思维、实践能力和创业精神，为他们未来的职业发展和社会创新做好准备。

2. 科研投入

在美国大学生创新能力培养体系中，科研投入是一个重要的方面。首先，美国大学为学生提供了丰富的科研项目和实验室资源，许多大学设有研究生院和科研中心，学生可以参与到教授的科研项目中，进行实地研究工作[㊀]。这让学生有机会接触到真实的科学研究，从而培养创新思维和科研能力。学生可以在实验室中进行实验和数据分析，与教授和其他研究人员一起合作，共同探索科学的未知领域。其次，美国大学积极鼓励学生参与科研竞赛和会议。许多大学设有科研俱乐部和学术组织，为学生提供参加科研竞赛和会议的机会。这些活动不仅增加了学生的科研经验，还能够与其他学

㊀ 张达．大学生参与科学研究是培养科学思维和创新能力的重要途径——以美国南加利福尼亚大学为例[J]．中国地质教育，2006（4）：153-155.

生和专业人士进行交流和合作，拓宽学术视野。学生可以通过参加科研竞赛和会议，展示自己的研究成果，获得认可和奖励，进一步激发创新的潜力。此外，美国大学还为学生提供科研经费和奖学金支持。学生可以申请科研项目经费，用于购买实验设备、图书资料等。一些大学还设有奖学金计划，鼓励学生进行科研活动并给予经济支持。这些资金支持可以帮助学生更好地进行科研工作，提高科研的质量和效果。美国大学注重培养学生的科研导师制度。学生可以选择导师，与导师一起进行科研项目，并获得指导和支持。导师制度为学生提供了更密切的指导和个性化的培养，有助于培养学生的创新能力和科研技能。导师可以传授科研方法和技巧，帮助学生解决科研中遇到的问题，引导学生进行深入的研究和思考。总的来说，美国大学生创新能力培养体系在科研投入方面非常重视，为学生提供了丰富的科研机会、资源和支持。这种科研投入体系培养了许多优秀的科学家和研究人员，为科技创新和社会发展做出了重要贡献。

3. 创新生态系统

美国拥有完善的创新生态系统，为创新者提供了良好的支持。风险投资机构为初创企业提供资金支持，帮助他们实现创新项目的落地。孵化器为创新企业提供办公空间、导师指导和业务资源，帮助他们加速成长。技术转移机构则促进科研成果的商业化和市场化，将创新技术转化为商业价值。美国大学生创新生态系统为学生提供了丰富的资源和机会，帮助他们培养创新思维、解决问题的能力和创业精神。这个生态系统的多元性和活力为学生提供了一个充满创新机遇和潜力的环境。美国大学生创新生态系统由几个关键因素组成。一是创新教育，美国大学普遍鼓励学生参与创新教育，通过开设创新课程、研讨会和实践项目来培养学生的创新思维和能力。学生可以学习到创新方法和技能，并运用这些知识解决现实问题。二是研究机会，大学提供了丰富的研究机会，包括科研项目、实验室实践和学术会议。学生可以与教授和研究员合作，在真实的研究环境中进行创新实践，培养解决问题的能力和科学精神。同时美国大学积极支持学生创业，提供创业培训、导师指导和创业竞赛等资源。学生可以获得启动资金、办公场所和商业网络，帮助他们将创新想法转化为实际的商业项目。三是创新社区，许多大学设有创新中心、创业孵化器和创新社团，为学生提供一个共享资源和交流合作的平台。学生可以与其他有创新兴趣的同学互动，共同探索和发展创新想法。

4. 校园文化

美国大学生创新能力培养体系在校园文化氛围方面表现出开放包容和多样性，学校鼓励学生尊重和欣赏不同文化、背景和观点，创造了一个多元化的学习环境。学生有机会与来自世界各地的同学互动和交流，从中学习和分享彼此的经验和见解。为了促进多样性和包容性，学校通常设有各种社团组织和俱乐部。这些组织提供了一个平台，让学生能够选择参与他们感兴趣的活动和项目。无论是文化俱乐部、学术团队还是志愿者组织，学生都能够在其中找到属于自己的社交圈和兴趣爱好。这不仅帮助他们建立起深厚的友谊，还能够培养他们的领导能力和组织能力。此外，美国校园文化也重视学生的自由思考和表达。学校鼓励学生积极参与各种学术和非学术活动，提供了许多机会让他们尝试新的学科和领域。学生可以参加讨论会、研究项目、创新竞赛等活动，展示他们的才能和创造力。学校还鼓励学生参与社区服务和志愿者工作，培养他们的公民意识和社会责任感。在创新方面，美国校园文化提供了一个积极的环境。学校鼓励学生提出新的想法和方法，培养他们的创新思维和解决问题的能力。学生被鼓励大胆尝试新颖的想法，并将其转化为实际的项目或产品。学校为学生提供资源和支持，以帮助他们在创新领域取得成功，这包括专门的导师或指导教授提供指导和建议，以及参与竞赛和创业活动的机会。在这种文化中，学生也被鼓励承担风险。他们被教导从失败中学习，并将其视为成长和改进的机会。学校提供心理支持和资源，以帮助学生处理挫折和失败，并鼓励他们继续努力。这种积极的态度和文化氛围鼓励学生不断追求创新和卓越，为社会做出积极的贡献。总的来说，美国校园文化在开放包容和多样性方面表现出色。学校鼓励学生尊重和欣赏不同背景和文化，提供了丰富多样的学习和交流机会。同时，学校还注重培养学生的创新能力和解决问题的能力，鼓励他们大胆尝试新的想法和方法。这种文化氛围为学生提供了一个积极向上的学习环境，培养了他们的领导能力和社会责任感。

5. 知识产权保护

在美国，知识产权的保护体系非常完善，为创新提供了强有力的保障。知识产权是指通过创造知识和创意所形成的独特成果，如发明、设计、艺术作品、商标等。这些成果对创作者和企业来说具有重要的经济和声誉价值，因此需要法律保护。首先，在美国，专利制度是保护创新成果的重要手段之一。美国专利和商标局负责颁发专利，确保创新者独享其发明的权益。通过申请专利，创新者可以在一定时间内拥有专属权利，防止他人未经许可使用、制造或销售其发明。这一制度鼓励创新者投资时间和精力进行研究，因为他们知道自己的劳动成果会得到法律的保护。其次，版权法也是保护知识产权的重要法律。版权保护文学、艺术、音乐、电影等领域的作品，确保创作者能够控制其作品的复制、分发和公开表演。这种保护措施鼓励创作者创作新作品，因为他们知道自己的作品能够受到法律的保护，从而获得经济回报和声誉。商标保护也是知识产权保护的重要方面。商标是一种标识，用于区分产品或服务的来源。美国商标法保护商标的独占使用权，防止他人未经许可使用相同或类似的商标。这种保护措施鼓励企业投资于品牌建设，因为他们知道自己的商标将受到法律的保护，从而建立起信誉和客户忠诚度。最后，商业秘密保护也是知识产权保护的重要手段之一。商业秘密包括商业信息、技术、公式、方法等，对企业的竞争力至关重要。美国商业秘密法保护企业的商业秘密不被他人非法获取、使用或披露。这种保护措施鼓励企业进行创新和研发，因为他们知道自己的商业秘密将得到法律的保护，从而确保其竞争优势。总之，美国健全的知识产权保护体系为创新提供了强有力的保障，这一体系鼓励创新者投资时间和精力进行研究，保护他们的创新成果，同时也鼓励企业进行品牌建设和研发，保护商业秘密[㊀]。知识产权保护的完善促进了创新和经济发展，使创作者和企业能够享受到自己劳动成果所带来的经济和声誉回报。

三、美国大学生创新能力培养模式

（一）学生参与科研项目

参与科研项目不仅可以拓宽大学生的知识领域，还可以提高大学生的问题解决能力和创新思维。参与科研项目可以让大学生更深入地了解自身感兴趣的领域。通过与导师和其他研究人员的合作，大学生可以接触到最新的科学研究成果和技术进展。这将有助于其在大学期间选择专业方向，并为未来的职业生涯做好准备。参与科研项目可以提高大学生的问题解决能力。科研项目通常涉及解决复杂的问题和面对挑战。通过与团队成员合作，大学生可以学会分析问题、制定解决方案，并学会如何有效地解决问题。这种锻炼将使大学生在未来的学习和工作中受益匪浅。最重要的是，参与科研项目可以培养大学生的创新思维。科研项目要求大学生提出新的想法、设计新的实验，并不断改进和创新。这种创新思维的培养将对大学生未来的创业和创新活动非常有帮助。为了参与科研项目，大学生会积极寻找与自身兴趣相符的导师或研究团队。大学生会主动与他们联系，并表达自身对参与科研项目的兴趣和动机。大学生还会努力提高自己的学术能力，包括学习相关的理论知识、实践科学方法和数据分析技巧。总之，参与科研项目对于培养大学生的创新能力非常重要。大学生希望通过参与科研项目，不仅可以扩展自己的知识面，还可以提高自己解决问题的能力和创新思维，为未来的学习和职业生涯打下坚实的基础。科研项目中，学生将有机会深入研究一个特定的领域或主题，通过与导师和团队成员的合作，学习到最新的研究成果和技术方法。

（二）与工业界和社会组织的合作

在美国，大学生与工业界和社会组织之间的合作是非常重要的，可以培养大学生的创新能力和实践经验，这种合作方式通常通过实习、项目合作和研究合作来实现[㊁]。大学生可以通过参与实习与工业界建立联系。许多大学都与行业企业建立学生联合培养关系，这些企业为学生提供实习机会。在实习期间，学生可以了解实际工作环境，学习专业知识和技能，并与行业专业人士交流。这种实践经验对于培养学生解决问题、团队合作和创新思维能力非常重要。项目合作也是大学生与工业界和社会组织合作的重要方式之一。大学通常组织项目，邀请学生与工业界和社会组织合作解决现实问题。这些项目可以是学生独立完成的研究项目，也可以是学生组成团队与企业或组织合作

㊀ 刘霞．知识产权专业教育对大学生创新能力培养研究——以美国圣克拉拉大学为例［J］．创新与创业教育，2020，11（1）：145-150.

㊁ 陈淑英，冯延群．发现学习——美国大学生创新能力培养的重要途径［J］．语文学刊，2013（22）：124-125+171.

的项目。通过这些项目，学生可以将所学知识应用于实践，培养创新能力和解决问题的能力。研究合作也是大学生与工业界和社会组织合作的一种形式。许多大学与工业界和社会组织合作进行项目研究，学生可以参与其中。这种合作方式可以提供学生与专业人士合作研究的机会，学生可以学习到最新的研究方法和技术，并将其应用于实际问题的解决中。通过实习、项目合作和研究合作，学生可以获得实践经验，学习专业知识和技能，并将其应用于解决实际问题中，不仅可以帮助学生发展实际操作的技能，还能够使他们更好地理解理论知识的应用。

（三）创新能力教育网络

1. 孵化器和创业中心

美国学校除了提供创新教育课程，鼓励学生进行自主探究、提出问题和解决问题的实践活动之外，还设有创客空间、实验室和科技设施，让学生进行实践和创新项目。大学创新中心是为学生提供创新支持和资源的机构。这些中心提供创业培训、导师指导、创新项目孵化和资金支持等。学生可以借助这些资源将创新想法转化为实际产品或服务。此外，美国许多大学也设立了自己的创业孵化器和创业中心，旨在培养大学生的创新能力和创业精神。创业孵化器是为初创企业提供支持和资源的机构。学生可以在创业孵化器中得到创业培训、商业计划指导、投资机会等支持，帮助他们将创新想法转化为商业实践。这些机构为学生提供了资源、支持和指导，帮助他们将创新想法转化为商业实践。孵化器和创业中心提供了资源和设施，帮助学生实施他们的创新想法。这包括办公空间、实验室设备、技术支持等。这些资源通常是昂贵且难以获得的，但在这些机构的支持下，学生可以充分利用这些资源来开展研究和实验，从而推动他们的创新项目。而且这些机构提供了专业的指导和咨询。创新创业的道路并不容易，学生需要面对各种挑战和困难。孵化器和创业中心通常有经验丰富的导师和专业人士，他们可以提供指导和建议，帮助学生解决问题并规划实施创新项目的步骤。

美国麻省理工学院的麦戈文创业中心就是一个旨在培养创新能力和创业精神的机构。它提供了创业课程、导师指导、资源支持和创业竞赛等活动，帮助学生转化他们的创新想法。斯坦福大学的创新能力孵化器包括“StartX”和“Stanford Technology Ventures Program（STVP）”。StartX 是一个非营利的创业加速器，为斯坦福大学的学生和校友提供了资源和支持。STVP 是一个教育项目，提供创业课程和研讨会，帮助学生了解创业的基本知识和技能。哈佛大学的创新能力孵化器包括哈佛创业中心和哈佛商学院的创业课程。哈佛创业中心为学生提供了创业咨询、导师指导、资源支持和创业竞赛等机会。加利福尼亚大学伯克利分校的创新能力孵化器包括“SkyDeck”和“Berkeley Startup Cluster”。SkyDeck 是一个创业加速器，为学生和校友提供了资源和支持。Berkeley Startup Cluster 是一个创新生态系统，促进了学生、教师和校友的创新合作。这些大学的创新能力孵化器和创业中心为学生提供了一个创新和创业的生态系统，帮助他们发展创新能力、培养创业精神，并与行业专家和投资者建立联系。这些机构不仅为学生提供了资源和支持，还举办各种活动和竞赛，提供实践和学习机会，促进学生的创新和创业发展。

2. 创新竞赛和创业基金

在美国，为了培养大学生的创新能力，开展和设立了许多创新竞赛和创业基金。许多大学和组织举办创新竞赛，为学生提供展示和发展他们创新能力的机会。这些竞赛通常包括多个领域，例如科技、工程、商业和社会创新等。美国大学生可以以个人或团队的形式参加这些竞赛，通过提出创新想法、设计原型或解决现实问题等方式展示他们的创新能力。这些竞赛不仅提供了奖金和奖品，还为美国大学生提供了与专业人士和投资者交流的机会。许多大学和机构设立了创业基金，为学生提供启动资金和支持资源，帮助他们将创新的想法转化为真实的商业项目。美国大学生可以通过申请创业基金来获得资金支持，同时还可以获得导师指导、创业培训和网络资源等支持，以帮助他们成功地实施和发展他们的创业项目。美国大学生创新竞赛和创业基金对于培养年轻人的创新精神和创业能力起到了重要的推动作用。斯坦福大学创新挑战赛旨在激励学生提出解决社会问题和商业挑战的创新解决方案。参赛者可以通过比赛获得资金、导师指导和机会展示他们的项目。纽约大学创新竞赛旨在支持纽约大学学生和校友的创业项目。他们提供种子资金、导师指导和资源支持，帮助学生将创新想法转化为商业机会。斯隆商学院创业基金由麻省理工学院斯隆商学院设立，旨在支持学生和校友的创业项目。他们提供资金和资源支持，帮助学生实现他们的创业愿景。这些创新竞赛和创业基金为美国大学生提供了宝贵的机会和支持，进一步发展他们的创新想法和创业项目。

第二节　英国大学生创新能力培养模式

一、英国大学生创新教育思想

（一）英国自由教育思想

自由教育思想起源于19世纪末的英国，由一些教育家和哲学家如约翰·德威、赫伯特·斯宾塞等倡导并影响了英国教育体系。自由教育思想认为，教育应该注重培养学生的自主性、创造性和批判性思维能力，而不仅是传授知识和技能。它强调教育的目的是帮助学生全面发展，实现个体的潜能，并成为独立、自主的个体。在自由教育思想中，学生被视为主动参与者，教育者的角色是引导和支持学生的学习。学生被鼓励自主选择学习内容，参与问题解决和决策过程，发展自己的兴趣和能力。这种学习方式强调学生的自主性和个性发展，鼓励学生发展独立思考和创新能力。自由教育思想还强调学习环境的重要性。它提倡创造积极、开放、合作的学习环境，鼓励学生之间的互动和合作，促进他们的社交和情感发展。

英国自由教育思想强调个体的发展和自主学习，自由教育思想在英国大学教育中起到了重要的作用。英国大学教育历史悠久，自由教育思想是其中最重要的一种教育理念。这种思想强调知识的获取和智慧的发展，反对功利主义，注重培养理性的个人。在英国，自由教育思想对教育政策和实践产生了深远的影响。例如，德威的进步教育思想对英国学校教育产生了重要影响，推动了学校课程的改革和学生参与的重要性。

英国自由教育思想对于英国大学的创新教育思想产生了重要的影响。英国大学鼓励学科交叉与综合性教育，使学生能够在不同学科领域之间建立联系和整合知识。这种综合性的教育方式培养了学生的批判性思维能力和创新能力，使他们能够独立思考和解决现实世界中的问题。大学注重培养学生的独立研究和批判性思维能力。学生在学习过程中被鼓励进行独立的研究项目，并提供导师的指导和支持。这种研究导向的学习方式培养了学生的创新思维和解决问题的能力。英国大学重视学生的参与和合作，学生具有参与决策的权利。学生会组织和学生代表制度使学生能够参与学校的管理和决策过程，为学校的发展提供了学生的声音和建议。总之，英国自由教育思想对于英国大学的创新教育思想产生了积极的影响，这种教育思想的实施，为英国大学的发展和学生的个人成长提供了良好的环境和机会。

在现代英国教学实践中，教师鼓励学生独立思考、质疑和挑战，不采用灌输和填鸭式的教学方法。他们鼓励学生主动参与课堂讨论和研究，培养他们的批判性思维能力和解决问题的能力。学生被鼓励自主学习，发展自己的兴趣和潜能。与此同时，英国大学教育体系和评价体系也体现了自由教育思想的影响。大学教育注重培养学生的创新能力和批判思维能力，而不仅是传授知识，学生在大学期间有机会参与科研项目、实习和社会实践，从实践中加强对知识的理解和应用[㊀]。评价体系也更加注重学生的综合能力和个性发展，而不仅是通过考试来评价学生的成绩。自由教育思想的影响不仅体现在教学实践和教育体系上，它也对整个社会产生了深远的影响。这种教育思想注重学生的创新能力发展，曾经推动了英国科技和经济进步。许多科学家、创业家和艺术家都是在自由教育的环境中培养起来的，他们的创新和成就为英国乃至全世界带来了巨大的影响。

（二）自由教育思想在创新教育里的应用

1. 强调个体差异

自由教育思想认为每个学生都是独特的个体，有着不同的兴趣、特长和学习需求。在创新教育中，可以根据学生的个体差异，提供多样化的学习机会和资源，让学生根据自己的兴趣和能力进行学习，激发他们的创造力和创新思维。传统教育常常以统一

㊀ 龚晶晶. 英国高校大学生创新能力培养探析——以北安普顿大学为例［J］. 中国高校科技，2016（11）：45-47.

的标准和课程来教育学生，忽视了个体差异和多样性。而自由教育思想强调个体差异的重要性，认为每个学生都应该有自主选择学习内容的权利，以满足他们的兴趣和学习需求。这种个性化的学习方式可以激发学生的内在动力和学习兴趣，提高他们的学习效果。在创新教育中，学校可以提供多样化的学习机会和资源，包括课外活动、实践项目、社区服务等，让学生可以根据自己的兴趣选择参与。同时，学校也应该为学生提供个性化的学习支持，例如提供不同难度和风格的教材、开设不同类型的课程等，让学生可以根据自己的学习进度和学习方式进行学习。自由教育思想还强调学生的自主学习能力和创新思维的培养。学校可以通过开展探究式学习、项目制学习等方式，培养学生的自主学习能力和解决问题的能力。学校还应该鼓励学生尝试新的想法和方法，培养他们的创新思维和创造力。例如，可以开设创客课程，鼓励学生动手实践和创造，培养他们的创新能力。总之，自由教育思想认为每个学生都是独特的个体，应该提供个性化的学习机会和资源，激发他们的创造力和创新思维。创新教育应该注重学生的个体差异，以满足他们的兴趣和学习需求，培养他们的自主学习能力和创新能力，让每个学生都能够充分发展自己的潜力。

2. 鼓励自主学习

自由教育思想强调学生的主动性和自主性，认为学生应该成为自己学习的主导者。在创新教育中，可以提供给学生更多的选择权和自主权，让他们自由地选择学习内容、学习方式和学习节奏，从而激发他们的学习动力和创新能力。在传统的教育模式中，教师通常起着主导和控制的角色，决定学生学习的内容和方法。然而，在自由教育中，教师的角色更像是引导者和支持者，他们的任务是帮助学生发现自己的兴趣和潜力，并提供必要的指导和资源。自由教育注重培养学生的自主学习能力和创新能力。学生有权决定自己学习的内容，可以根据自己的兴趣和需求选择适合自己的学习主题。他们可以通过参与项目、研究和实践等方式来深入学习，并发展自己的批判性思维和解决问题的能力。在自由教育中，学生还有权选择适合自己的学习方式。有些学生可能喜欢独自阅读和研究，而有些学生则更喜欢小组合作和实践活动。学生可以根据自己的学习风格和喜好来选择适合自己的学习方式，从而提高学习效果和兴趣。此外，自由教育还重视学生的学习节奏。每个学生的学习进度和能力都是不同的，因此自由教育允许学生根据自己的情况来安排学习时间和进度。学生可以根据自己的学习能力和兴趣来决定学习的速度和深度，从而更好地适应自己的学习需求。总的来说，自由教育强调学生的主动性和自主性，鼓励学生成为自己学习的主导者。通过提供更多的选择权和自主权，自由教育可以激发学生的学习动力和创新能力，培养他们成为具有自主学习能力和创造力的人才。

3. 培养批判性思维

自由教育思想是一种教育理念，强调培养学生的批判性思维能力，让他们能够独立思考、质疑和分析问题。这种教育方法注重培养学生的思辨能力，使他们能够主动地探索知识，并从多个角度思考问题。在创新教育中，自由教育思想起到了重要的作用。通过开展讨论、辩论和研究等活动，教师可以引导学生思考问题的多个角度，培养他们的批判性思维。在这样的教学环境中，学生可以自由地表达自己的观点，与同学们进行交流和辩论，从而不仅能够提高他们的批判性思维能力，还能够培养他们的创新思维和解决问题的能力。在讨论活动中，学生可以根据自己的理解和观点，提出问题并与同学们进行讨论。通过与他人的交流，学生可以从不同的角度来分析和解决问题，培养他们的批判性思维。同时，学生也会学会尊重他人的观点，提高他们的合作能力和沟通能力。在辩论活动中，学生可以根据自己的观点和论据与同学们进行辩论。通过这样的活动，学生不仅可以锻炼自己的辩论能力，还可以学会从多个角度来思考问题，培养他们的批判性思维和创新思维。在研究活动中，学生可以选择自己感兴趣的课题进行深入研究。通过这样的活动，学生既可以培养他们的独立思考和批判性思维能力，又可以学会如何寻找、整理和分析信息，从而提高他们的解决问题的能力。总之，自由教育思想注重培养学生的批判性思维能力，通过开展讨论、辩论和研究等活动，引导学生思考问题的多个角度，培养他们的创新思维和解决问题的能力。这种教育方法有助于学生的全面发展，并为他们未来的学习和生活奠定坚实的基础。

4. 重视学生的兴趣和意义感

英国大学生创新教育教学认为创新的学习应该是有趣和有意义的，学生应该从中获得快乐和满足感。在传统教育中，学生往往被迫学习一些他们可能没有兴趣或意义感的内容，这种强制性学习往往导致学生的动力和兴趣逐渐减退。因此，自由教育主张通过创新教育的方式激发学生的创新潜能。在创新教育中，学生被鼓励根据自己的兴趣和意义感选择学习内容和项目。他们可以根据自己的喜好和目标，选择适合自己的学习路径和方式。这种个性化学习的方式可以使学习变得更加有意义和有价值，因为学生可以专注于自己感兴趣的领域，深入学习，并从中获得满足感。自由教育还强调学生的自主学习和创造性思维的培养。在传统教育中，学生往往只是被动接受知识和信息，缺乏自主思考和创造性解决问题的能力。而在创新教育中，学生被鼓励独立思考、主动探索，并提供机会去实践和应用他们所学到的知识和技能。这种自主学习和创造性思维的培养可以激发学生的创新潜能，培养他们的批判思维和问题解决能力。总的来说，自由教育可以激发学生的创新潜能，培养他们的自主学习和创造性思维能力，这将有助于学生全面发展，为他们的未来做好准备。

二、英国大学生创新能力培养课程结构

（一）基础知识课程

在英国，大学生创新能力培养的基础知识课程通常包括创新理论、创新管理和创新过程等方面的知识。学生将学习创新的基本概念、原则和方法，以及了解创新对社

会、经济和企业的重要性和影响。在创新理论的课程中，学生将学习不同的创新模型和理论，如创新漏斗模型、开放创新理论和创新生态系统理论等。他们将了解创新的基本要素，如创意、创新驱动力和创新环境，并学习如何应用这些理论来解决实际问题和推动创新。创新管理课程将着重于组织和管理创新活动。学生将学习创新策略的制定和实施，创新项目的管理和评估，以及如何建立创新文化和组织。他们还将了解创新团队的建设和领导，以及如何应对创新中的风险和挑战。在创新过程的课程中，学生将了解从创意到商业化的整个创新过程。他们将学习如何识别和评估创意，进行市场调研和商业分析，制定商业计划和推动产品开发。他们还将学习如何进行市场推广和销售，以及如何监测和评估创新项目的绩效。这些课程不仅为学生提供了创新的理论基础，还通过案例研究、实践项目和团队合作等教学方法，培养学生的创新能力和实践能力。学生将有机会参与真实的创新项目，与企业和组织合作，应用所学知识解决实际问题。总之，英国大学生创新能力培养的基础知识课程为学生提供了全面的创新教育，培养他们的创新思维和实践能力，为未来的职业发展和创业提供了坚实的基础。

在英国大学教育中，自由教育思想和通才教育都非常重要。大学注重培养学生的综合素质和广泛的知识背景，不仅关注专业课程的学习，还鼓励学生选修其他课程来拓宽视野。一些大学甚至设有综合性课程，将不同学科合并成一个学科，以培养学生的跨学科能力。尤其对于低年级的学生来说，掌握和传承过去的知识非常重要。因此，很多大学规定入学第一年以通才教育为主，为专业课程的学习打下基础。这些通才教育的课程安排巩固了基础教育，提高了文化水平，让学生了解自己的优势和不足，并为未来的学习和创造打下了坚实基础。此外，英国大学也越来越注重学习和工作、知识和实践之间的联系。“三明治”课程是一个很好的例子，它将学习时间和与专业课程相关的实习时间结合起来。通过实习时间，学生可以接触更多实践机会，巩固书本知识，并学到课堂上学不到的知识。这种结合理论学习和实践应用的课程加强了学生的专业技能和解决问题的能力，促进了他们的创新能力。这样的课程让学生更好地理解专业知识的实际运用，并为将来的就业做好准备。通过通才教育的课程安排和“三明治”课程的实践机会，学生不仅可以打好专业基础，还能培养出解决问题和创新的能力，为未来的学习和职业发展打下坚实的基础。

（二）创新实践课程

创新实践课程旨在帮助学生培养实际的创新能力。通过参与实际的创新项目，学生将学习如何发现问题、提出解决方案和实施创新计划。这些课程不仅是理论上的学习，还是注重实践的训练。学生在这些课程中将有机会进行团队合作，培养合作能力和团队意识。他们将与其他学生一起合作，共同解决问题和实施创新项目。团队合作不仅能提高学生的沟通能力和协作能力，还能培养学生的领导能力和组织能力。创意思维是这些课程中的另一个重要方面。学生将学习如何发散思维，提出创新的想法和解决方案。通过创意思维的训练，学生能够开阔思维，找到不同的解决方案，并克服困难。问题解决是这些课程的核心内容之一。学生将学习如何分析问题、找出问题的根源，并提出解决方案。他们将学习使用各种工具和技巧来解决问题，并在实践中提高解决问题的能力。这些课程的目标是培养学生的实际创新能力。通过参与实际的创新项目，学生将学会如何发现问题、提出解决方案和实施创新计划。这些课程将为学生提供宝贵的经验和技能，帮助他们在未来的职业生涯中取得成功。

英国大学的创新实践课程是一种为学生提供实际应用和创造性思维机会的课程。这种课程通常旨在培养学生的创新能力和解决问题的能力，使他们能够应对现实世界中的挑战。创新实践课程通常包括一系列的实践项目，学生需要在团队中合作，运用他们的知识和技能来解决真实的问题。这些项目可能涉及各个领域，例如科技、工程、设计、商业等。学生将面临从项目规划和研究到原型设计和测试的各个阶段，并通过实践来学习和发展他们的创新思维和实践技能。创新实践课程还经常与行业合作伙伴合作，以提供真实的项目和实践机会。这种合作可以为学生提供与专业人士互动和合作的机会，使他们能够了解行业的需求和趋势，并将他们的学习应用到实际场景中。通过参与创新实践课程，学生可以培养解决问题的能力、团队合作的技巧、创意思维的灵活性和创业精神。这些都是在现实世界中取得成功所必需的技能和品质。

（三）创新案例研究课程

创新案例研究课程通过研究和分析创新成功案例，学生将能够深入了解实际创新项目的经验和教训。他们将研究来自不同行业和领域的创新案例，以探索成功的创新策略和实践。在这个过程中，学生将学习如何在不同的情境下应用创新思维和方法。他们将研究创新项目的背景和动机，分析项目中的关键决策和挑战，以及项目成功的因素和原因。通过这些案例的研究，学生将能够理解创新的复杂性和不确定性，并学会应对创新过程中的各种挑战。此外，学生还将学习如何评估创新项目的可行性和潜在风险。他们将研究创新项目的商业模式和市场前景，分析项目的收益和成本，以及项目的可持续性和发展潜力。通过这些评估，学生将能够判断一个创新项目的可行性，并做出相应的决策和推动。最重要的是，通过研究创新成功案例，学生将培养创新思维和创业精神。他们将学会思考问题的不同角度和解决问题的创新方法，以及如何在竞争激烈的市场环境中创造独特的价值，这将为他们未来的职业发展和个人成长奠定坚实的基础。

在英国，有许多创新案例研究课程可供选择。这些课程旨在帮助英国大学生了解和分析不同行业中的创新案例，并从中获得启发和学习。例如，伦敦大学学院的创新案例研究课程提供了一个跨学科的学习环境，帮助学生研究和分析各种创新案例，涵盖了不同行业和领域；剑桥大学的创新与创业课程旨在培养英国大学生的创新思维和创业精神，通过分析和研究创新案例来帮助学生了解创新的过程和策略；牛津大学的创新与科技管理课程重点关注科技创新和管理，通过研究实际案例来帮助学生了解和应用创新理论和工具；帝国理工学院的创新与企业家精神课程旨在培养学生的创新和企业家精神，通过研究和分析创新案例来帮助英国大学生了解创新的过程和实践。除了这些大学的课程，还有许多其他机构和学校也提供创新案例研究课程。值得注意的是，这些课程的内容和要求可能会有所不同，因此在选择课程时应根据个人的兴趣和学术需求进行评估。

（四）创新项目管理课程

在创新项目管理课程中，学生将学习如何管理和领导创新项目，这将使他们能够在未来的职业生涯中成为成功的项目经理。课程将通过讲授项目管理的基本原理和技巧，帮助学生了解如何规划、执行和评估创新项目。在课程的开始阶段，学生将学习项目管理的基础知识，包括项目的定义、目标和范围。他们将了解项目生命周期的不同阶段，以及如何制定项目计划和时间表。学生还将学习如何建立和管理项目团队，以及如何与利益相关者进行有效的沟通和合作。随着课程的进行，学生将学习如何在创新项目中应用敏捷和瀑布等不同的项目管理方法。他们将了解如何根据项目的特点和要求选择适当的方法，并学习如何有效地进行项目控制和风险管理。此外，课程还将重点介绍创新项目的特殊挑战和机会。学生将学习如何在不确定性和变化的环境中管理项目，并探讨如何鼓励创新和创造性思维。学生还将了解如何评估和衡量创新项目的成功，并学习如何确保项目的可持续发展。通过参加创新项目管理课程，学生将获得实践项目管理的经验和技能。他们将能够应用所学知识来解决现实世界中的问题，并为创新项目的成功做出贡献。无论是在企业内部还是作为自主创业者，这些技能将使学生能够在竞争激烈的市场中脱颖而出，并实现自己的职业目标。

英国创新项目管理课程通常涵盖项目管理基础知识，主要是介绍项目管理的概念、原则和流程，包括项目启动、规划、执行、监控和收尾等阶段。创新管理理论是探讨创新的概念和重要性，引导学生了解如何在项目中应用创新管理的原则和方法。而创新项目规划和设计则是教授项目规划和设计的方法，包括需求分析、范围管理、时间和资源管理等，以确保项目的创新目标得以实现。创新项目风险管理是介绍项目风险的概念和分类，并教授如何进行风险评估、风险规避和风险应对等策略，以确保项目成功实施。创新项目执行和控制是讲解项目执行和控制的方法，包括团队协作、沟通管理、进度控制和质量管理等，以确保项目按计划进行并达到预期的创新成果。创新项目评估和总结要求引导学习如何对创新项目进行评估和总结，包括项目绩效评估、项目改进和经验总结等，以提高项目管理和创新能力。此外，在英国创新项目管理课程中，还可能包括实践案例分析、团队项目实践和专业工具的使用等，以帮助学生将所学知识应用到实际项目管理中。

（五）创新沙龙和讲座

英国学生有机会参加创新沙龙和讲座，这是一个与行业领导者和专业人士交流的绝佳机会。通过参与这些活动，学生将能够了解和学习创新领域的最新趋势和实践。

这些活动将为他们提供与实际创新实践相关的机会，帮助他们深入了解创新的具体应用和解决问题的方法。参加创新沙龙和讲座不仅能够为学生提供知识和信息，还能够激发他们的创新思维。在这些活动中，学生将有机会听取来自各行各业的专家分享他们的经验和见解。这将有助于培养学生的创新思维能力，激发他们的创造力，并鼓励他们勇于尝试新的想法和方法。此外，参加这些活动还能够帮助学生建立人脉和网络。与行业领导者和专业人士进行交流和互动，将为学生提供宝贵的机会，与成功人士建立联系，并从他们那里获取建议和指导。这些人际关系对学生的未来职业发展非常重要，可以为他们提供更多的机会和可能性。

英国创新沙龙和讲座为各行各业的人们提供了一个互相交流和分享创新想法的平台。TEDxLondon 就是英国分支的 TED 演讲活动，每年都会有一系列的演讲者分享他们的创新思想和经验。Wired UK 是一本以科技和创新为主题的杂志，也定期举办讲座和活动，邀请行业内的专家分享他们的见解和经验。伦敦商学院经常举办创新和创业相关的讲座和活动，吸引了许多创业者和商业领袖参与。The Great Debaters Club 是一个旨在提高演讲和辩论技巧的组织，他们定期举办辩论和演讲比赛，为年轻人提供一个展示创新思想和表达能力的平台。这些创新沙龙和讲座都为人们提供了一个汇聚创新思想和交流经验的机会，对于年轻人来说，参与其中可以拓宽视野，激发创造力，并与其他有着相似兴趣的人建立联系。

三、英国大学生创新能力培养方式

（一）项目导向

英国教育体系注重将理论与实践相结合，鼓励学生参与实际的创新项目。这种项目导向的教学方式对于学生的发展起到了重要的推动作用。在英国课程中，学生会接触到真实的问题，并通过团队合作和实地调研等方式进行解决。这样的学习方式不仅使学生能够将所学的理论知识应用到实际中，还能培养他们的创新思维和解决问题的能力。通过与其他同学一起合作，学生可以学会有效地与人合作，发展团队合作精神和领导能力。此外，学生还会有机会参与一些创新项目，这些项目不仅能够激发学生的兴趣，还能给他们提供展示自己才华的机会。通过参与这些项目，学生可以学会自主学习、探索和解决问题的能力。英国教育体系还注重培养学生的实践能力。学生经常会进行实地考察和实验，通过亲身经历来理解和学习知识。这样的实践环节，不仅可以加深学生对知识的理解，还能培养他们的实践能力和动手能力。英国教育体系注重将理论与实践相结合，通过项目导向的教学方式培养学生的创新思维和实践能力，不仅能够提高学生的学习效果，还能为他们未来的职业发展打下坚实的基础。

英国大学非常重视培养学生的创新能力。许多大学都提供了专门的创新能力项目和导向，以帮助学生发展他们在创新领域的技能和才能。许多大学都设有创业中心，旨在支持学生创业和创新项目。这些中心提供创业培训、导师指导和资源支持，帮助学生将创新想法转化为商业实践。许多大学提供学生参与创新研究项目的机会。英国大学生可以与教授、研究员和其他学校学生合作，开展创新研究，并为学术界和产业界做出贡献。许多大学举办创新竞赛，鼓励学生提出创新解决方案。这些竞赛可以涉及多个领域，如科技创新、社会创新和可持续发展等。许多大学提供创新课程，以培养学生的创新思维和解决问题的能力。这些课程通常涵盖创新理论、创新方法和实践案例，帮助学生学习如何创新和应用创新思维。许多大学有各种创新社团和活动，学生可以参与其中，与其他对创新感兴趣的学生交流和合作。这些社团和活动提供了一个创新交流和学习的平台。

（二）跨学科教学

英国跨学科教学是将不同学科的知识、理论和方法结合起来，以促进学生全面发展和综合思考能力的教学方法。在英国大学教育中，跨学科教学被广泛应用。许多大学设有跨学科课程，例如文化研究、环境科学、国际关系等，这些课程会融合多个学科的内容，使学生能够从不同角度思考问题。此外，许多大学还提供跨学科研究中心和项目，鼓励学生和教师跨学科合作，共同解决复杂的现实问题。跨学科教学在英国中学教育中也非常重要。许多中学采用跨学科教学方法，将不同学科的知识与技能融合在一起，以培养学生的综合能力和解决问题的能力。这种教学方法可以帮助学生更好地理解和应用知识，培养学生的创新思维和批判思维能力。跨学科教学在英国教育系统中得到了广泛的支持和认可，它被认为是培养学生全面发展和综合能力的有效方法。

英国大学在创新的跨学科教学方面表现出色，主要体现在跨学科课程设置，英国大学鼓励学生在学习过程中参与多个学科领域的课程。他们提供广泛的学科选择，允许学生自由组合不同学科的课程，以满足个人兴趣和需求。英国大学还鼓励学生参与跨学科研究项目，让他们有机会与来自不同学科背景的学生和教授合作。这种合作可以促进不同学科之间的知识交流和创新思维。英国大学采取了多种教学方法，包括小组讨论、案例研究、实践项目等，以培养学生的跨学科思维能力和解决问题的能力。学生通过与其他学科的学生合作，能够从不同的角度思考问题，提高创新能力。英国大学设立了跨学科研究中心，致力于推动不同学科之间的合作研究。这些研究中心为学生提供了参与跨学科研究项目的机会，并为他们提供必要的支持和资源。

（三）实习和实践经验

在英国大学，学生的实习和实践经验被视为非常重要的一部分。学校会积极为学生提供丰富的实践机会，以帮助他们在真实的工作环境中获得宝贵的经验。一种常见的实践方式是参与企业项目。英国大学生可以与企业合作，参与各种项目，从而接触到真实的创新环境。他们将有机会与专业人士一起工作，了解并应用最新的行业技术和方法。这样的经历不仅能够加深学生对专业知识的理解，还能够培养他们在实践中解决问题的能力。此外，实习也是学生获得实践经验的重要途径。学校会与企业建立合作关系，为学生提供实习机会。通过实习，英国大学生可以将自己在课堂上学到的知识应用到实际工作中，与专业人士一起合作，了解并适应工作环境。实习期间，英国大学生将有机会学习和掌握各种实际操作技能，提高自己的职业素养和解决问题的能力。学校还会开设一些实践课程，以帮助学生更好地培养实际操作能力。这些课程通常会模拟真实的工作环境，让学生在课堂上进行实际操作，并提供指导和反馈。通过这些课程，英国大学生可以在相对安全的环境中尝试各种实践技能，提高自己的实际操作能力。

英国许多大学都提供丰富多样的实习和实践机会，以帮助学生将课堂学习与实际工作相结合。英国大学一般与各行业的合作伙伴建立紧密联系，为学生提供实习机会。这些实习通常会在学期间或暑假期间进行，为学生提供与专业相关的实践经验。实习可以在各个领域进行，如商业、科技、媒体、艺术等。学生可以通过实习了解行业内的工作环境，发展实际应用技能，并建立专业网络。此外，英国大学还鼓励学生参与创新项目和实践课程。学生可以参与各种创新竞赛、科技展览和社会企业活动，从而提升解决问题和创新的能力。学生还可以加入学生社团和组织，参与各种社会实践项目和志愿者活动，为社区服务并提升领导能力。英国大学也提供支持和指导，帮助学生找到适合自己的实习和实践机会。学生可以咨询学校的职业咨询服务，获取关于实习申请、简历写作和面试准备的建议。一些大学还与企业合作，提供专门的实习计划和培训课程，帮助学生获得更有竞争力的实习机会。

（四）创新中心和科技园区

英国大学会设立创新中心和科技园区，旨在为学生提供创新资源和全面支持。这些创新中心不仅是一个空间，更是一个充满活力和创造力的社区，为学生提供了丰富的创业机会和资源。学生可以在这些创新中心中参与各种创业活动，如创业比赛、创业讲座和创业培训等。这些活动不仅能够帮助学生培养创新思维和解决问题的能力，还可以帮助他们了解创业的各个方面，包括市场调研、商业计划书的撰写、资金筹集和团队管理等。此外，创新中心还为学生提供了与企业合作的机会。学生可以与企业合作开展项目，通过实践来学习和应用自己的知识和技能。这种合作不仅能够提供实践经验，还可以为学生提供与企业人士交流的机会，进一步提升自己的专业能力和就业竞争力。在这些创新中心中，学生还能够接触到最新的科技和创新项目。这些中心通常配备了最先进的设备和技术，提供了创新项目的展示和演示场地。学生可以通过参观和参与这些项目，了解最新的科技趋势和创新思维，激发自己的创新灵感和创业意识。

英国拥有许多著名的创新中心和科技园区，吸引了许多科技企业和创业者。伦敦科技城位于伦敦东部的谢瑞德区，是英国最大的科技园区之一。该地区吸引了众多科技初创企业和跨国科技公司，成为伦敦科技创新和创业的核心。曼彻斯特科技园位于曼彻斯特市中心，是英国最大的科技园之一。该园区集聚了许多高科技企业和研究机构，涵盖了生物科技、信息技术、材料科学等多个领域。牛津科技园位于牛津市，是英国最早的科技园之一。该园区聚集了许多高科技和生物科技企业，与牛津大学紧密合作，推动科技创新和商业化。剑桥科技园位于剑桥市，是英国最著名的科技园之一。该园区与剑桥大学紧密合作，吸引了许多科技和生物科技企业，成为英国科技创新的重要中心。爱丁堡科技园是英国苏格兰地区最大的科技园之一。该园区吸引了许多科技和创意产业企业，与爱丁堡大学等研究机构合作，推动科技创新和商业化。

四、英国大学生创新能力评价体系

（一）英国大学生创新能力评价系统

英国大学生创新能力评价系统是一个内容丰富、形式多样的评估体系，旨在为培养学生的创新能力提供重要保障。这个评价系统注重培养学生的创新思维和实践能力，因此在课程设置上通常会包括创新教育的内容。在英国大学中，创新能力评价的课程包括创业管理、设计思维、创新与创造、科技创新等。这些课程的目标是培养学生的创新意识和能力，让他们能够在不同领域中提出创新的解决方案。除了课程设置外，英国大学生创新能力评价还会综合考虑学生在创新项目、实践经验和创新竞赛中的表现。评价方法可以包括项目报告、展示演讲、创新作品等多种形式。学生可以参与各种创新竞赛和项目，如机器人比赛、科技创新项目等，展示他们的创新能力和团队合作能力。评价可以从参与项目的质量、创新性和成果等方面进行。通过这样的评价系统，英国大学能够全面了解学生的创新能力并提供针对性的培养。学生不仅能够通过学术成绩展现自己的才能，还可以通过参与创新项目和竞赛来展现自己的创新能力和实践经验。学校可以提供创新导向的课程和项目，鼓励学生参与科研和创新活动，提供相应的指导和支持。同时，学校也可以组织专门的创新培训和讲座，引导学生了解创新方法和思维方式，提高他们的创新能力。

（二）英国大学生创新能力评价手段

英国大学生创新能力评价手段是多样化的，包括论文、案例分析、演讲演示、课程设计和考试等形式。这些评价手段的目的是鼓励学生发挥自己的能力和创造力，展示他们在学习过程中的理解和应用能力。英国大学生创新能力评价分为内部评价和外部评价两种形式。内部评价是由学校自身进行的，旨在评估学校的教学质量和学生的学习成果。学校会根据不同的学科和专业设定评价标准，对学生的表现进行评估和反馈。英国大学生创新能力评价系统可以为自动化专业学生的大学生创新能力培养提供重要参考。自动化专业涉及科学、工程和技术等领域，对学生的创新能力有着较高的要求。在自动化专业中，学生需要掌握创新思维和实践能力，能够在自动化领域中提出创新的解决方案，自动化专业的课程设置可以包括创新教育的内容，培养学生的创新意识和能力，让他们能够应对自动化领域的挑战并提出创新解决方案。自动化专业的课程设计和项目实践通常需要学生运用所学知识解决实际问题，培养学生的创新思维和解决问题的能力。评价可以通过项目成果的质量、创新性和实际应用价值来进行。

第三节 美英两国大学生创新能力培养模式的启示

一、创新教育思想强调学生独立思考

（一）创新教育思想强调学生独立思考的原因

1. 独立思考培养学生创造力

在美国和英国大学教育中，培养学生的创新能力是非常重要的，这两个国家的大学教育注重学生主动参与和独立思考，提供了一些特殊的培养创新能力的模式。独立思考是培养学生创造力和创新能力的关键要素之一。传统的教育模式往往注重灌输知识，学生只需被动地接受教师或教材上的信息。然而，创新教育的理念强调学生主动思考问题、寻找解决方案，并提出自己的观点和想法。当学生被鼓励独立思考时，他们开始质疑、探索和挑战现有的知识和观念。他们不仅依靠教师的指导，而是积极主动地寻找信息、进行独立思考，并形成自己的见解。这种自主性的学习方式激发了学生的创造力，使他们能够超越传统的思维模式，提出新的观点和解决方案。独立思考还培养了学生的问题解决能力。当学生自主思考问题时，他们需要分析和评估不同的观点和可能的解决方案。这种批判性思维能力帮助学生发展出独立思考的能力，使他们能够找到创新的解决方案，并将其应用于实际问题中。此外，独立思考还培养了学生的自信心和自主性。当学生被鼓励独立思考并提出自己的观点时，他们逐渐建立起对自己能力的信心。他们意识到自己的思考和想法是有价值的，并有能力为解决问题和创新做出贡献。这种自信心和自主性激励学生更加积极地参与学习和创新活动，发挥自己的潜力。

2. 独立思考可培养学生批判性思维和问题解决能力

在美英两国的大学教育中，独立思考的培养不仅有助于学生在学术领域中取得成功，还对他们的职业发展产生积极的影响。独立思考的培养可以培养学生的批判性思维和问题解决能力。在传统的教育中，学生往往只需记住和重复教师或教材上的答案，缺乏对问题的深入思考和批判性分析。然而，创新教育强调学生独立思考，鼓励他们从不同角度思考问题，寻找多种可能的解决方案，并评估每个方案的优缺点。这种批判性思维的培养有助于学生发展逻辑思维和分析问题的能力。他们学会提出问题、收集和整理信息、分析和评估各种观点和证据，从而得出自己的结论。这种思维方式使学生能够更全面地理解问题，并能够提出创新的解决方案。同时，独立思考还培养了学生的问题解决能力。当学生被鼓励独立思考时，他们不仅局限于接受给定的答案，而是积极思考如何解决问题。他们学会提出合理的假设、设计实验和调查、收集数据、分析结果，并根据结果做出决策。这种问题解决的能力将对学生未来的学术和职业发展产生积极的影响。

3. 独立思考培养学生的自信心和自主性

独立思考是培养学生创新能力的关键因素之一。在美国和英国大学教育中，独立思考被视为一种重要的能力，被广泛注重和培养。当学生被鼓励去思考问题，寻找解决方案，并形成自己的观点时，他们不仅能够提高解决问题的能力，还能够培养自信心和自主性。独立思考可以帮助学生建立自己的观点和主张。通过思考问题并寻找答案，学生能够从不同的角度去理解事物，并形成自己独特的观点。这种能力不仅能够帮助学生在学术上取得更好的成绩，还能够培养他们的批判性思维和逻辑思维能力。独立思考能够增强学生的自信心。当学生开始相信自己的能力，相信自己的观点和主张时，他们会变得更加自信和坚定。这种自信心将激励学生更加积极地参与学习和创新活动，勇于表达自己的想法，并对自己的能力充满信心。这种积极的心态对于学生的成长和发展至关重要。当学生具备了独立思考的能力后，他们能够更好地管理自己的学习和生活，不再依赖他人的指导和帮助。他们能够独立制定学习计划，并自主选择适合自己的学习方法和资源。在未来的工作和生活中，这种自主性将使他们更加独立和自信地面对各种挑战。

（二）创新教育强调学生独立思考的方法

1. 提供开放性问题和挑战性任务

大学教师若提供开放性问题和挑战性任务，学生将被鼓励去思考、探索和实践，培养独立思考和解决问题的能力，从而提高他们的创新能力。这种教育方法能够激发学生的兴趣和潜能，培养他们的创造力和创新精神，为学生提供更广阔的思考空间和机会，促使他们从传统的知识接受者转变为主动的知识探索者和解决问题的创新者。通过提出开放性问题和挑战性任务，大学教师可以激发学生的好奇心和求知欲，让他们主动去思考问题、探索答案，并在实践中将理论知识应用于实际情境。当学生面临开放性问题时，他们需要自己思考和分析问题的各个方面，从不同的角度思考并形成自己的观点。这种主动思考的过程可以培养学生的逻辑思维和批判性思维，帮助他们理解问题的本质和复杂性。挑战性任务要求学生在实践中运用所学知识，解决具体问题或完成实际任务。这种实践过程可以让学生将抽象的理论知识转化为实际应用能力，培养他们的创造力和实践能力。同时，挑战性任务通常需要学生合作完成，这有助于培养学生的团队合作和沟通能力。此外，开放性问题和挑战性任务也能够激发学生的兴趣和潜能。当学生面对具有挑战性的任务时，他们往往会感到兴奋和激励，主动投入到解决问题的过程中。这种主动性和投入度的提升，有助于培养学生的自主学习能力和自我驱动能力。最重要的是，通过提供开放性问题和挑战性任务，学生将培养创造力和创新精神。他们将学会独立思考，勇于探索未知领域，尝试新的解决方案，并接受失败和挑战的能力。这些都是在现实生活中创新和解决问题所必需的能力，也是他们未来职业发展和社会参与所需要的素质。

2. 鼓励学生进行自主研究和探索

自主研究和探索作为创新教育的重要方法之一，不仅培养学生的独立思考能力，还有助于拓宽他们的知识视野和提升解决问题的能力。通过自主研究和探索，学生可以选择自己感兴趣的课题或主题进行深入研究，从而激发他们的学习兴趣和动力。自主研究和探索的过程中，学生需要自行制定研究计划和方法，收集和分析相关的数据和信息，并总结和呈现研究结果。这种过程注重培养学生的问题解决能力和创新思维，让他们能够独立思考、提出问题，并积极寻找答案和解决方案。通过这样的实践，学生可以逐渐培养起批判性思维和创新能力，为未来面临的各种挑战做好充分准备。此外，自主研究和探索也注重培养学生的合作与团队精神。在研究过程中，学生可以与同学们进行合作，分享彼此的经验和知识，共同解决问题。这种合作有助于培养学生的沟通能力、团队协作和领导能力，让他们在合作中学会倾听、合作和尊重他人的意见。这样的合作经验不仅对学生的学术成长有益，还有助于他们在未来的职场中更好地融入团队并发挥自己的优势。

3. 提供适当的指导和支持

当谈及创新教育强调学生独立思考的方法时，给大学生提供适当的指导和支持是至关重要的。英美培养学生创新能力会提供适当的指导和支持，不仅强调学生独立思考，也培养学生的创新精神和解决问题的能力。为了确保大学生能够成功地进行独立的研究和学习，他们需要获得必要的信息和资源。为了满足这一需求，大学可以提供一系列设施，如图书馆、实验室和计算机设备。这些设施为学生提供了宝贵的资源，可以帮助他们进行研究和学习。此外，大学还可以提供在线学习平台和学术数据库，方便学生获取最新的学术资料和研究成果。除了提供必要的资源，大学还应该鼓励学生批判性地思考问题，挑战传统观念，并提出自己的观点和解决方案。他们还可以组织小组讨论和项目，鼓励学生合作和分享想法。此外，教师还可以创建积极的学习环境，鼓励学生主动参与学习。他们可以使用不同的教学方法和技术，如案例分析、小组讨论和实践项目，激发学生的学习兴趣和动力。教师还可以提供反馈和建议，帮助学生改进和发展。为了更好地支持学生，大学可以设立导师制度，为学生提供个别指导和支持。导师可以帮助学生制定学习计划，解决学术和职业问题，并提供反馈和建议。他们可以与学生进行一对一的交流，了解他们的需求和困惑，并提供相应的帮助和支持。通过得到适当的指导和支持，大学生可以培养独立思考的能力，发展创新精神，将能够独立地进行研究和学习，提出创新的解决方案，并在不同的领域取得成功。

二、建立完善的创新教育和评价体系

（一）创新教育要建立完善的创新教育和评价体系的原因

1. 适应未来社会的需求

未来社会对人才的需求将更加注重创新能力和创造力。建立完善的创新教育和评价体系可以帮助学生适应未来社会的需求，培养他们具备创新思维和解决问题的能力，为他们未来的就业和发展打下坚实的基础。在英美两国，创新教育已经成为教育改革的重要方向。这两个国家注重培养学生的创造力和解决问题的能力，强调学生的参与和实践。他们鼓励学生从小就接触各种创新活动，如科学实验、科技竞赛、艺术创作等，以培养学生的创新思维和动手能力。为了建立完善的创新教育和评价体系，需要改革教育教学模式，提供多样化的学习机会和资源，培养学生的主动学习能力和自主创新能力。同时，评价体系应考虑学生的创新能力和实践经验，不仅依靠传统的考试评价，还要注重学生的综合素质和能力发展。评价体系也应该适应未来社会对人才的需求。传统的考试评价主要关注学生的记忆和应试能力，很难评估学生的创新能力和实践经验。因此，评价体系应该更加综合和多元化，考虑学生的创新能力和实践经验。学生的综合素质和能力发展应该成为评价的重要指标，如创新能力、问题解决能力、团队合作能力等。除了传统的考试评价，学校还可以采用项目评价、作品展示、实践经验记录等方式来评估学生的创新能力和实践经验。

2. 促进教育公平和个性化发展

创新教育强调每个学生的个性化发展和潜能的挖掘。建立完善的创新教育和评价体系可以更好地发现和培养学生的个性化特长和创新潜能，促进教育公平，使每个学生都能得到适合自己发展的机会和资源。英美国家注重培养学生的创造力、批判思维和解决问题的能力，鼓励学生的个性化发展。他们建立了多样化的评价体系，不仅以考试成绩为唯一标准，还注重学生的综合素质和实践能力。这为我国提供了一个借鉴的方向，我们可以借鉴英美国家的经验，改变传统教育的模式，注重培养学生的创新能力和综合素质，建立多样化的评价体系，从而实现教育的公平和个性化发展。在传统教育中，学生的成绩往往决定了他们的机会和前途，这导致了教育资源的不均衡和社会阶层的固化。而创新教育和评价体系注重学生的个体差异和发展需求，更加关注学生的潜力和能力，可以减少对成绩的过分依赖，提供更多的机会和平台给那些在传统教育中可能被忽视的学生，实现教育的公平。

（二）创新教育建立完善的创新教育和评价体系的方法

1. 组建创新教育师资队伍

英国和美国也注重评价创新教育的效果，通过多元化的评价方式来评估学生的创新能力和综合素质。这些做法对于我国的创新教育发展具有借鉴意义，可以帮助我们更好地推进创新教育的改革。英美国家注重教师的专业发展和创新教育培训。他们提供丰富的教育资源和培训机会，帮助教师了解最新的创新教育理念和方法，提升他们的创新教育能力和水平。为教师提供专业的培训和支持，使他们能够掌握创新教育的教学策略和评价方法，能够引导学生进行创新实践和探索。提供专业的培训和支持是必不可少的。教师需要接受系统性的培训，以了解创新教育的核心概念和教学策略。这样，他们才能够在实际教学中运用这些知识，引导学生进行创新实践和探索。培训内容可以包括创新思维的培养、问题解决能力的提升、团队合作的培养等方面，以帮助教师更好地理解和应用创新教育理念。建立良好的教师交流平台也非常重要。教师们可以通过交流和分享经验，互相学习和借鉴。这种交流平台可以是定期的教研活动、创新教育研讨会、在线社群等形式。通过这些平台，教师们可以互相激发灵感，共同探索创新教育的最佳实践。

2. 提供创新教育资源

为学生提供丰富的创新教育资源，是促进学生创新潜能发展的重要手段。创客实验室、科技设备、图书资料和网络资源等都可以为学生提供实践和知识获取的机会。这些资源可以帮助学生培养解决问题的能力、创造力和团队合作精神。创客实验室为学生提供了创造性思维和动手能力的锻炼场所，学生可以在这里进行各种创意项目的设计和制作。科技设备则为学生提供了现代科技知识的学习和实践的机会，例如编程、机器人、3D 打印等。图书资料和网络资源是学生获取知识的重要途径，学生可以通过阅读各种书籍和在线资源，了解各个领域的知识和最新的科技发展。这些资源可以帮助学生扩大知识面，培养综合素养。

三、创新教育的教学要和实践应用相结合

（一）创新教育教学要和实践应用相结合的原因

1. 提高学习效果

实践应用可以帮助学生将理论知识转化为实际操作能力。通过实际操作，学生能够更深入地理解所学知识，并将其应用到实际问题中，从而提高学习效果。英国和美国将创新教育与实践应用相结合，可以为学生提供更丰富的学习经验。这种教育模式注重培养学生的实际操作能力，使他们能够将学到的理论知识转化为实际应用。通过实际操作，学生能够更深入地理解所学知识，并将其应用到实际问题中，从而提高学习效果。在英国和美国大学教育中，学生常常会参与各种实践活动，例如实地考察、实验研究、项目设计等。这些活动不仅能够帮助学生巩固所学知识，还能够培养他们的解决问题的能力和创新思维。通过实践，学生可以亲身体验并应用所学知识，从而更好地理解其实际意义和应用场景。创新教育与实践应用的结合还可以激发学生的兴趣和潜能。通过参与实践活动，学生可以选择自己感兴趣的领域进行深入学习和研究。

这种自主选择的学习方式能够激发学生的好奇心和创造力，使他们更加主动地投入学习并取得更好的成绩。

2. 增强实践能力

英国和美国创新能力的培养注重教育与实践应用相结合，这种方法可以帮助学生增强实践能力。实践应用可以帮助学生能够锻炼自己的手脑协调能力，提高实践技能，并培养解决实际问题的能力。实践应用可以帮助学生锻炼手脑协调能力。通过实际操作和实践项目，学生需要动手解决问题，培养他们的手部技能和思维能力。例如，在科学实验室里进行实验，学生需要根据实验步骤进行操作，并分析实验结果。这种实践过程可以帮助学生发展他们的手脑协调能力，提高他们在实践中的表现。实践应用还可以提高学生的实践技能。在许多教育机构中，学生有机会参与各种实践项目，如实习、实地考察和社区服务。通过这些实践活动，学生可以学习如何应对现实生活中的问题，并提高他们的实践技能。例如，在实习期间，学生可以学习如何与他人合作，如何管理时间和资源，以及如何解决实际问题。这些实践技能对于学生未来的职业发展非常重要。实践应用还可以培养学生解决实际问题的能力。在实践中，学生经常面临各种挑战和难题，需要找到解决问题的方法。通过实践应用，学生可以学习如何分析问题、制定解决方案，并在实践中验证这些方案的有效性。这种解决问题的能力对于学生的综合素质发展至关重要，可以帮助他们在面对各种挑战时更加自信和有能力。

（二）创新教育教学要和实践应用相结合的方法

1. 积极构建学科交叉结构

英国和美国在创新教育领域的先行地位是有原因的。他们注重培养学生的创造力和解决问题的能力，鼓励学生通过实践来学习，提供创新教育的专门课程和项目。这种教育方法可以激发学生的思维，培养他们的创新潜能。在英国和美国，学生不仅学习传统的学科知识，还会接触到跨学科的内容。通过积极构建学科交叉结构，学生可以更全面地发展自己的能力。这种交叉学科的学习方式可以帮助学生拓宽视野，培养他们的批判性思维和创新性思维能力。特别是在美国高等教育领域，学校正在逐渐消除学科间的壁垒，设计更多的交叉学科课程。这些课程将不同学科的知识和技能结合在一起，使学生能够更好地应对复杂的问题和挑战。通过对交叉学科知识的学习，学生可以培养出更多元化的思维方式，提高解决问题的能力。创新教育的重点是激发学生的创造力和创新能力。学校会为学生提供创新教育的专门课程和项目，让学生有机会实践创新的过程。这样的实践教育可以培养学生的实际操作能力和解决问题的能力，让他们在实际中学习和成长。

2. 推广研讨式教学模式

推广研讨式教学模式促进学生创新能力的培养。研讨式教学具有探究性、互动性和灵活性等特点。美国研讨式教学模式是一种以学生为中心的教学方法，通过学生之间的合作讨论和思维碰撞，促进学生主动参与和深入思考，培养学生的创新能力。英国研讨式教学模式中，教师充当着引导者和促进者的角色，为学生提供学习的指导和资源。研讨式教学模式具有多种优势，能够激发学生的自主学习意识和能力，提高学生的学习效果和成果。研讨式教学模式注重学生的主动参与和合作学习，能够激发学生的学习兴趣和积极性。通过小组合作讨论，学生能够从彼此的思考和观点中得到启发和反思，促进对问题的深入思考和理解。研讨式教学模式注重培养学生的批判性思维和问题解决能力。在研讨过程中，学生需要对问题进行分析和评价，提出自己的观点和解决方法。通过与他人的思维碰撞和辩论，学生能够培养批判性思维和创新思维，提高问题解决的能力。研讨式教学模式还具有灵活性和适应性。教师可以根据学生的兴趣和学习需求，设置不同的研讨主题和讨论形式，使学生能够在自己感兴趣的领域进行深入研究。同时，学生也可以根据自己的学习情况和思考方式，选择适合自己的学习方式和策略。

3. 倡导案例式教学方法

案例式教学方法是一种通过对客观实际案例的研讨式分析来提升学生实践决策能力的教学方法。在这种教学方法中，学生需要认真思考和分析案例中的疑难问题，从而培养他们解决实际问题的能力。案例式教学方法通过真实的案例让学生面对实际情境，使他们能够更好地理解和掌握相关知识。学生在分析案例时需要运用所学的理论知识，将其应用到实际情境中，从而加深对知识的理解和记忆。同时，案例中的问题具有一定的复杂性和挑战性，可以激发学生的思考和探索欲望，培养他们解决实际问题的能力。案例式教学方法注重学生的参与和合作。在案例分析过程中，学生需要进行讨论和交流，共同解决问题。通过与同学的合作，学生可以分享不同的观点和思路，拓宽自己的思维方式。同时，学生在与他人的讨论中也能够学会倾听和尊重他人的意见，培养团队合作精神。案例式教学方法强调实践与理论的结合。学生在分析案例的过程中，不仅需要运用理论知识，还需要考虑实际情况和实践经验。这种实践与理论相结合的方式可以帮助学生更好地理解理论知识的实际应用，培养他们在实际问题中进行决策和判断的能力。

第四章 自动化专业学生创新能力培养的现状

4

第一节 自动化专业学生创新能力培养方面的经验

一、重视程度提升，迸发社会创新活力

我国的自动化专业已有多年的发展历史，从20世纪50年代，由于电力技术的运用，使得自动化专业也得到了迅速发展，同时由于我国国防工业发展的需求，使得服务于军工的自动化专业诞生并得到发展。在当时，自动化专业是肩负着重任的，主要是为工业企业和军工而服务，之后的六七十年代，自动化专业的发展可谓是达到了辉煌。我国的工业发展较为迅速，自动控制理论技术也在不断完善，在20世纪90年代，自动化专业进行了改进，主要是与行业背景专业进行了融合，使得自动化专业成功升级，这也使得自动化专业得到了更多的发展机遇。在此过程中，自动化专业也有过艰难困苦的几年，但最终升级成功并获得了更先进的发展。如今，我国高等教育在不断进行改革，同时社会和科技的高速发展对于人才的需求也越来越高，在此背景下，自动化专业的优势也越来越明显，我国各本科院校对于自动化专业的发展也给予了越来越多的重视。自动控制理论是自动化专业的核心理论基础，通过电子技术等进行系统级的分析与设计，近年来，随着科学技术的不断发展，自动化系统也向着智能化和网络化的方向进行演变，核心内涵也发生了明显的变化，这也是受到了市场发展和需求的影响。如今在对本科阶段学生进行教育时，依然是采用通才教育的方式，有利于培养出更全面的人才，也更符合当下市场的需求。进入新时代后，我国也提出了许多发展政策，这些政策也为自动化专业的发展提供了许多新的机遇。以“一带一路”为例，我国早就在2013年提出了“一带一路”倡议，目的是与沿线大多数的新兴经济体和发展中国家进行战略互补和深度合作，从而达到双赢的目的。其中，自动化发挥着十分

重要的作用，作为现代工业体系中极为重要的一环，自动化专业无疑可以在国家战略下获得更多的发展机遇。正因如此，许多本科院校也对自动化专业给予了更多的重视，目的是为市场和社会的发展输送更多全面型人才。其中，学生的创新能力无疑十分重要，创新能力不仅是为了让自动化专业的学生在未来就业市场中更具有竞争力，更是为了培养更多的创新型人才，使他们具有创新思维的能力，这种思维能力不仅可以在自动化专业领域中得到创新应用，还可以在其他行业及领域发挥出重要作用。多数本科院校早已经认识到了学生创新能力培养的重要性，早在20世纪90年代，许多本科院校就已经将自动化专业与其他专业领域进行交叉融合，这也要求学生在学习过程中学习更多、更全面的内容。时至今日，自动化技术与其他领域的交叉和融合已经十分频繁且深入，多数自动化专业学生已具备了较为全面的知识，但想要灵活运用这些知识就要求学生具有一定的跨领域合作能力，为了进一步满足市场的需求，提升自动化专业学生创新能力的重要性不言而喻。

自动化专业本身就是技术性和专业性较强的学科，学生在学习理论知识的同时也要学习专业技能，许多本科院校在培养学生创新能力方面下了很大功夫，由于自动化专业要求学生具备一定实践能力，因此多数本科院校都对自动化专业的实验室建设和实践教学给予了足够重视，学生可以在实验室进行实践操作学习，了解各种自动化设备和控制系统的工作原理和应用的同时，还可以提升自己的数据分析和数据处理能力，提高自己的实验技能和创新能力。此外，多数本科院校还特地开设了跨学科课程和实践学习，目的是使学生将不同学科的知识融会贯通并综合运用，在不同学科当中寻找创新点和切入口，同时也进一步培养了学生的跨学科思维和协作能力。

我国大多数本科院校目前实行的是通才教育，对于自动化专业学生而言，在本科阶段学习到的内容较为全面，但深度也有限，本科院校对自动化专业学生的培养目的并不是将其培养成某领域多么专业的人才，更重要的是培养其专业能力、创新思维等，使学生能够在日后的学习生涯中运用自己的创新能力取得更多有价值的学习成果，对于社会的发展也具有积极的促进作用。本科院校对自动化专业学生创新能力的培养意味着学生可以更好地发现问题、解决问题，并且实现创新，这一过程本身就为科技的创新和技术的进步提供了源源不断的动力[㊀]。提升学生的创新能力，也有助于使其在自动化领域中进行发展创新，可以提出新的理论、算法、技术，从而推动自动化技术的发展和应用，为社会和市场带来更多的创新成果。另外，自动化技术对现代工业的发展起着至关重要的作用，提升自动化专业学生的创新能力将有助于推动自动化技术的创新和应用，从而促进产业的升级和进步进一步提高生产效率，降低生产成本，促进经济发展，培养学生的创新能力，还有助于使学生有能力提出更有效的自动化解决方案，从而推动企业和产业的转型升级，提高生产效率和企业竞争力，为整个社会市场的发展注入创新活力。自动化技术在现代社会中已经得到了广泛应用，随着技术的发

㊀ 苏艳苹．基于协同创新的自动化专业人才培养模式探析［J］．管理工程师，2014，19（4）：75-78.

展，智能家居、智能交通、智能机器人等得到了迅速发展，自动化技术在其中也起着重要作用，培养学生的创新能力有助于提高自动化技术应用领域的技术水平和应用效果，进而提高社会生活的便利性、安全性、舒适性。

二、建立众创空间，创造创新基础

众创空间本身是在“大众创业、万众创新”的时代背景下发展起来的，但我国本科院校凭借着其自身的独特优势逐渐成为众创空间的重要力量，许多本科院校都建立了众创空间，用于培养创新创业人才，在思想、文化、资源等各方面存在着巨大优势，因此在众创空间发展起来后，许多本科院校也迅速投入到了众创空间建设浪潮，依托自身的实验室、科研项目、师资力量等资源创建了不同规模、不同内容的众创空间。早在2017年，我国本科院校所建立的众创空间就已经达到了近700家。本科院校创立的众创空间可以作为培养创新创业人才的载体，本科院校本身就承担着知识传播和知识创新的重任，在整个创新体系当中占据了重要的作用，虽然许多本科院校在教学过程中都存在着一些不足，但其本身仍然是社会创新的重要组成部分。本科院校的众创空间具有相似的特点，包括开放性、包容性、实践性、普遍性等，且准入门槛较低，学生可以自由加入，并在其中进行思想交流和碰撞。对于自动化专业学生而言，众创空间可以为其提供实践创新的机会，也是一个好的创新平台，学生们在其中可以将自己在学校及课堂中学习到的理论知识进行实践运用，将理论运用于实际项目，通过实际操作，学生可以加深对理论知识的理解和掌握，也可以提升自己的专业技能，并提高自己解决问题的能力。众创空间本身就是为创新创业人才所提供的载体和平台，因此没有较高的门槛，可以说是为学生提供了一个合作与交流的平台，在其中学生可以自由组成团队，可以与同专业或不同专业的学生共同完成项目。例如，自动化专业的学生可以与工业设计或软件工程或电子工程等其他专业的学生进行合作，共同开发智能化产品或系统，在团队合作过程中，学生的协作能力、合作能力、沟通能力等各方面的能力也会得到提升，这种跨学科合作也有利于激发出创新的火花。

另外，与不同学科的学生合作还可以进行思想和交流上的碰撞，为学生在实践过程中提供更多的创新动力，同时学生也可以在众创空间与其他团队进行交流，了解不同的创新思路和技术，从而拓宽自己的视野，提升自己的跨领域合作能力。本科院校所建造的众创空间本身就是以学校自身所具有的师资力量、实验室、科研项目等为基础，再结合一些社会力量所创建的，因此可以说将学校的大多优质资源集合在了一起，为学生提供了一个先进的创新平台和实践平台。学生在其中进行实践学习，参与到实际项目运行中，自然可以提升学生的创新能力和专业技能，同时，学生的创新能力有所提升后又可以在众创空间中取得更多优质的创新成果，因此可以使创新空间得到进一步发展和创新，两者是相互促进、共同发展的。本科院校建造的众创空间多是为了培养创新型人才而服务的，因此众创空间的设备和工具一般都较为先进且全面。自动化专业本身是专业性较强的学科，学生在众创空间内可以了解更多、更先进的自动化设备与工具，包括3D打印机、激光切割机、传感器、智能机器人等，可以了解其工作原理和使用方法，还可以使用这些设备和工具进行具体项目的制作和测试，在此过程中，学生也可以检验自己的学习成果，同时也可以提升自己的实践能力和创新技能。另外，众创空间本身就是一个创新平台，因此可以为学生提供专业的工作场所和全面的实验室设施，学生可以利用这些优质资源，更好地进行实践操作和专业实验，将理论知识与实践相结合，从而增加实践经验。

众创空间的建立不仅可以提升学生的创新能力，还可以促进学校的发展，多数本科院校在建立众创空间时都与外界企业进行了合作，学校可以提供实验室、项目、师资力量等，企业可以提供更先进的设备、具体的实践项目等，强强联合，最终达到双赢的目的。即使学校没有足够的能力吸引到具有实力的企业，但众创空间本身的发展也会吸引到一些大型企业或初创公司的关注，从而为众创空间提供一定的资源、设备、资金支持等。对学生而言，在众创空间可以积累更多的实践经验，提升专业技能，同时还可以进一步了解行业需求，增加学生与实际工作环境的接触机会，从而更好地为自己进行职业规划。在众创空间中，学生也可以争取到与企业进行产学合作的机会，从而参与到真实项目的开发过程当中，并努力利用自己的所学知识解决在项目开发过程中遇到的实际问题，对于学生而言，不仅可以提高就业竞争力，也可以为日后创业提供宝贵的经验和资源。

三、技能特色展现，学生实践锻炼有效

自动化专业属于工科专业，在学习理论知识的同时，学生也需要掌握许多的专业技能，要想获得好的就业机会，学生必须掌握自己所学的知识和技能。首先，自动控制理论与技术是自动化专业的核心内容，也是重要的理论基础，学生对此部分知识需要足够熟悉，之后才能理解并运用这些知识进行PID控制、模糊控制、神经网络控制等自动控制算法。只有具有这些技能，才能够以此为基础，设计并实现各种自动化系统，包括工业控制系统、智能家居系统等。其次，传感器与执行器技术也是自动化专业学生需要学习的内容，学生要了解各种传感器和执行器的工作原理和应用场景，能够在不同的项目和不同场景下选择合适的传感器和执行器，并用其完成系统集成和调试工作，以此为基础可以设计并实现具有感知和执行功能的自动化系统。此外，自动化专业的学生还需要掌握嵌入式系统开发技术、自动化工程管理与维护技术等，这些技术是进行系统设计和开发的重要基础，嵌入式系统开发技术主要用于进行软硬件的设计和开发，可以设计并实现工业机器人、智能交通系统等嵌入式控制系统。自动化工程管理与维护则要求学生能够对自动化设备进行安装、调试、维护，保证设备的正常使用，并解决在实际工程中所遇到的技术和管理问题，这些专业技能是自动化专业学生必须掌握的，也是日后就业的重要基础。此外，学生还需要掌握一定的英语知识、

计算机知识等，自动化专业的涉猎面极广，涉及了电工电子、计算机网络控制理论等较宽领域内的专业知识，学生在学习过程中本身就涉猎到了众多不同的学科，这种综合性、交叉性的学习也十分符合当下社会市场对专业人才的要求。

多数本科院校非常重视自动化专业学生专业技能的提升，也建设了相关的实验室，除了理论课程外，学生还会有专门的实践课程，主要目的就是为了让学生将知识运用到实践操作中去，从而提升学生的实践经验和专业技能[⊖]。很多学校本身会有一定的科研项目，有的学校会与校外研究机构进行合作，这些对于学生而言都是十分宝贵的机会。很多学校会让学生参与到科研项目的研发中，由学校导师或其他研究人员带领学生一起进行实验室研究和技术开发，这种科研项目的参与可以大幅度提高学生的专业能力，同时学生还可以获得宝贵且丰富的实践经验，提升自己的科研能力。自动化是一门涉猎非常广的学科，在学习过程中学生需要不断吸取新的知识，并将理论知识转化为自己的专业能力，复杂的知识体系和庞大的知识结构很容易使学生在学习过程中感觉到烦躁和混乱，具体的科研项目可以帮助学生进行知识梳理，精简理论内容，将理论转化为实践技能，从而提升学生的实践能力。在项目研发过程中，学生不仅可以在整个团队中学习到宝贵的知识，还可以锻炼自己的团队合作能力和问题解决能力。大多数本科院校都十分重视学生的实践锻炼，会鼓励甚至组织学生参加相关的竞赛或培训，包括机器人竞赛、智能控制系统设计竞赛等。在准备竞赛的过程中，学校会对学生进行培训，学生在此过程中可以使用到学校的优质资源，包括实验室设备、专业导师的指导等，学生通过竞赛培训可以提升自己的创新能力，并将自己学习到的理论知识应用到实际竞赛项目当中。同时，学生的竞赛结果在某种程度上也代表着学校的教学成果，通过竞赛培训可以对学生的学习情况和整个专业的教学状况进行大致了解，从而扬长补短，促进自动化专业的进一步发展。

在没有进行实践锻炼之前，大多数学生只是学习了理论知识，对相关知识的理解还不够深刻，大多数学生在毕业前往往并不了解自己未来所处行业对工作者知识、能力的需求，因此，通过实践锻炼，有利于提高学生的职业素养，使学生进一步了解行业规范和职业道德，从而培养良好的职业道德观念。通过具体实践，自动化专业学生的实际操作能力和问题解决能力都会得到一定程度的提升，这对学生未来的发展也具有积极作用，学生在就业市场上的竞争力可以进一步提升，虽然社会市场对学生并不会太过苛责，但具有一定实践经验的学生本身就更容易适应未来的工作环境和相关的任务需求，实践锻炼也可以使学生对自己未来的职业规划更加清晰。此外，在实践操作过程中，学生也可以跟专业人士进行近距离接触，在他人身上学习到更多专业知识。自动化专业本身就是高科技领域，随着科学技术的不断发展，自动化专业也在向着网络化和智能化的方向发展，因此未来学生需要有足够的专业能力才能够满足市场和行

⊖ 王俊生，赵越岭，张健. 自动化专业实验教学体系建设研究 [J]. 辽宁工业大学学报（社会科学版），2014，16（4）：13-16.

业的需求。在学校进行实践锻炼也可以帮助学生进一步了解行业需求和最新的技术发展趋势，帮助学生提前做好相关准备。另外，学生通过实践锻炼还可以培养一定的创业意识和创业能力，科研项目往往是一个长期的过程，在参与过程中学生也可以尝试不同工作，从而了解整个科研项目的流程，了解创业过程和创业要素，为未来个人的发展积累实践经验。

四、课程设置渗透创新理念，设置独立创新部门

多数本科院校已经认识到了培养学生创新能力的重要性，因此在课程设置方面也尽可能渗透创新理念，目的是提升学生的创新能力。多数本科院校在自动化专业教学过程中已经认识到了实践课程的重要性，因而改变了以往“重理论、轻实践”的情况，逐渐增加了实践课程的数量，目的是提升学生的实践能力，让学生在实践中灵活应用理论知识，培养学生的创新思维。学校将传统的课堂教学转为了实验室教学，让学生在实践当中学习理论知识，将理论知识转化为实践技能，加深学生对理论知识的理解和记忆，提升实践能力。许多学校除了传统的课堂教学外，还设置了微课教学和线上教学，微课和线上主要是教学资源库，学生可以在线上进行学习，在资源库中寻找自己感兴趣的内容进行学习。自动化专业本身就涉及很多领域，因此微课和线上教学可以更大程度上满足学生的学习需求，还可以突破时间和空间的限制，让学生随时随地都可以进行学习。许多学校建设了精品课程群，遵循先进性、实用性、综合性的原则，设置了具有创新特点的课程体系和教学内容，精品课程有助于实现自动化专业核心课程的协调发展。精品课程群进一步强化了实践教学，为相关实验单独设置了课程，提升了设计性、综合性实验项目的比例，使课程设置更具有层次，更加立体化。另外，部分学校将课程分成不同难度，不同课程对学生的要求不同，基础课程对学生要求较低，学生需要认知控制理论，了解控制系统，打牢相关基础。核心课程难度则高一点，要求学生熟悉控制系统的原理，掌握基本的技术和方法。应用课程顾名思义是实践性较强的课程，目的是培养学生运用自动控制相关理论和计算机软硬件技术解决具体问题的能力。部分学校还加入了学科竞赛和课外创新实践活动等，作为课堂教学的辅助内容，实验内容更注重设计性和综合应用性，目的是提升学生的探索能力、研究能力、创新能力等。

部分本科院校将理论课程和实践课程相融合，在教学过程中加入了案例或项目的讲解，目的是使学生明白项目的研发过程和相关技术的原理，将教学案例或研发项目加入教学过程中可以提升学生的学习兴趣，同时还有助于学生发散思维，提升创新能力。例如，在传统单片机教学中，大多数学校都是先为学生讲解单片机的硬件结构，之后再讲解指令系统和软件编程等内容，最后讲解一些实例。但这种教学模式本质上仍然是理论知识教学，自动化专业本身技能性较强，学生如果没有足够的逻辑思维和创新思维，很难进行准确理解，因此会感觉难度较高。针对这类问题，部分本科院校

采用了项目化教学方式进行教学，将理论与实践教学相结合，在教学过程中设计与课程知识点相符合的教学案例。教师并不是单纯口述知识，而是边讲授案例，边带领学生进行实践操作，学生在听讲的同时还可以观察到相关的实验现象，教师可以引领学生进行学习，培养学生发现问题、分析问题、解决问题的能力，学生在学习过后可以真正系统且全面地掌握单片机的原理，为后续的应用系统开发奠定基础。传统教学模式是以教师为中心，以教师为主导，以理论知识讲授为重点，学生在学习过程中缺乏足够的实践机会，因此很难提升创新能力。多数本科院校也认识到了传统教学的弊端，因此采用了翻转课堂的教学模式，使学生进行实践锻炼。翻转课堂又称为颠倒课堂，是让学生在进入课堂之前就完成课程知识的学习，在进入课堂后则是完成教师所布置的练习，在此过程中也可以与其他人进行合作，提升学生的团结协作能力。在翻转课堂上，学生会亲自动手进行实践锻炼，教师也可以及时为学生进行针对性指导，这种教学模式的出现可以培养学生主动学习的习惯。在课程任务布置方面，部分学校也进行了创新，改变了以往以理论内容为主要课程任务的情况，而是让学生在课程结束后真正动手进行系统的设计和开发，如此可以使学生养成实践锻炼的习惯，也有助于学生对理论知识进行梳理并将其内化，将理论转化为实践技能，从而提升学生的专业能力和创新能力。

许多本科院校设置了独立的创新部门，以提升学生的创新能力，有的本科院校设置了虚拟仿真实验平台，利用虚拟仿真软件进行教学，学生可以在实验平台中进行实验研究，也可以在软件中验证相关系统的稳定性和性能指标，学生可以在虚拟仿真实验平台中了解实验的相关知识、相关模型等，在实验过程中可以进行理论知识的复习，实验结束后可以加深相关知识的记忆[㊀]。部分本科院校将 VR 技术运用到了实践教学中，增加了真实感，提高了教学的趣味性，同时还降低了实训室的建设成本，提升了教学质量。许多学校通过在实践环节中引入虚拟现实技术，帮助学生进一步熟悉实训环境，使其了解实训步骤，还可以通过 VR 验证实训结果，VR 技术的应用在一定程度上弥补了实训设备的不足，提高了教学质量。此外，VR 技术还可以搭建虚拟平台，让多个学生多次反复进行练习，占地面积小且利用率高，学生通过 VR 技术可以得到更真实的体验，也不会出现实践过程中物料损坏的情况，可以节省设备管理、维护费用，从而降低设备成本。但对于大多数本科院校而言，更多的是为自动化专业学生设置专门的创新实验室，包括自动化应用开发实验室、机器人技术实验室、系统优化实验室等众多类型的实验室，以及创新项目孵化中心等。不同实验室类型不同，包含的实践训练也有所不同，但这些实验室都可以为学生提供创新平台，学生能够在实验室中利用相关设备通过自己的努力开发相关实践项目，从而提升自己的创新能力。创新项目孵化中心和实验室不同，这种部门更多的是为学生提供支持机会，学生可以向孵化中

㊀ 段丽娜，徐盛林，梅秋燕，等. 独立学院自动化专业学生实践创新能力培养模式的研究［J］. 新课程研究（中旬刊），2014（12）：105-106.

心提交自己的创新项目，一旦获得认可，就可以得到一定的资源、指导、培训等全方位支持，从而推动项目的实施和发展。这类创新中心主要是为学生提供一个创新平台，让学生通过自己的努力争取项目研发的机会，在构思创新项目的过程中，学生的创新能力就已经得到了进一步发展，如果创新项目能够落实，还可以提高学生的专业能力和职业竞争力。

第二节 影响自动化专业学生创新能力培养的因素

一、影响自动化专业学生创新能力的理论因素

影响自动化专业学生创新能力的理论因素，主要包括外在因素和内在因素两大方面，内在因素是从学生自身进行考察，每一个学生都是一个个体，学生内在的精神动力就是影响创新的内在因素，其中既包括智力也包括非智力，在此基础上所形成的学生独特的个性品质、素质状态等也会影响到创新能力的提升和发展。智力因素可以说是创新活动的基石，直接对创新活动进行组织、加工和调控，其中，思维方式占据着重要的影响作用，也是对创新能力发展的直接影响因素，思维是创新的基础，没有思维就不会有创新，不同的思维方式也会导致不同的创新思路和创新实践，因此在创新能力提升过程中，要重视学生思维方式的培养，如此才能使各种创新活动得以顺利开展。除了思维方式外，想象力也是创新的重要组成部分，创新本身就是创造新的事物，是旧事物的发展和突破，甚至是全新事物的创造，在这一过程中，想象力的作用是非常重要的，想要进行创新就不能够墨守成规，要学会摆脱框架的禁锢，善于发现，善于放弃，如此才能有所突破，而想象力就是使创新思想转变为最终成果的助推剂，只有具有想象力才能够有创新活动，没有想象就很难有创新。

除了智力因素外，个体的非智力因素也会影响创新能力的发展，非智力因素与个体的智力活动和学习积极性相关，包括情感、意志、认知、人格等，这些因素组合起来构成了学习活动的动力系统，同时也为创新活动提供动力。情感是人类态度极其重要的组成部分，同时情感也为创新提供强劲的动力，积极的、强烈的情感可以使人具有更充足的动力，消极的情感使人缺乏动力，如果创新活动中没有情感的投入，创新者就无法掌握创新的本质规律，在具体的行为活动中就会缺乏方向感，最终也无法实现真正的创新。除了情感外，意志力也是创新过程中必备的重要因素。创新过程中必定会遇到许多的挫折和困难，因为创新就是要走其他人没有走过的路，实现对旧事物的否定，建立全新的事物，因此创新者必定要面对许多困难和荆棘，这就要求创新者必须具有强大的意志力，只有这样才能够激发自身的各种潜力，在创新过程中坚持不懈，不逃避，不放弃，迎难而上，如果没有足够的意志力创新将无法完成，很容易会

半途而废。这也是当前很多学生最缺少的部分，很多学生具有想法，但是碍于他人的眼光或创新过程中的困难等各种因素，难以有足够的勇气将自己的创新想法落实于行动，没有足够的意志力，创新永远无法实现。此外，人的个性品质在创新活动中也极为重要，个性品质主要包括态度、定势等内容，态度包括积极态度、消极态度，积极的态度可以为创新提供动力，使整个创新过程更润滑，而被动消极的态度则容易使人缺乏努力的动力，最终导致创新半途而废。定势即人们已经熟练掌握的不假思索的自动调节反应行为或者适应性行为，人们常说的思维定式就是一种适应性行为，人的各方面都有定势，一旦形成定势，个体便会产生依赖并且努力捍卫定势，这可能会对创新活动的展开产生积极或消极的影响，现实生活中大多数定势是一种非创造性因循守旧的方式，因此会成为创新活动中的重要障碍。

影响学生创新能力的外在因素主要包括社会环境、学校环境、家庭环境等，社会环境在创新过程中具有十分重要的作用，甚至可以说起着决定性作用，社会鼓励创新，支持创新，就会有越来越多的创新者出现，也会有越来越多的创新活动和创新成果，如果社会拒绝创新，那创新者在创新过程中所遇到的困难和挫折将更具难度，如今我国提出了大学生创新理念，这也是促进学生创新能力提升的重要积极因素。除社会环境外，学校环境也是提升学生创新能力的重要因素，甚至起着十分重要的作用，因为学生会在学校度过很长的一段时间，学校是否大力营造了创新教育环境会直接影响到学生创新能力的提升和发展。毛泽东主席曾提出“双百”方针，即百花齐放、百家争鸣，这就是在支持人们进行创新，但如今许多学校的氛围较为严肃，教师与学生之间并不平等，而且具有一定的距离，教师更多作为权威而存在，学生很难对教师直接进行提问或发起挑战，许多学校缺乏自由和开放式的追问风气，在这种环境下难以进行创新。本科院校应认识到学校中的教学与训练不同，教学应是点到为止，许多内容本身是没有正确答案的，尤其是文科内容，有的甚至没有对错之分，教师应该努力向学生进行专业知识的传授，引导学生进行学习，培养学生的分辨能力。学生在面对教学时，可以选择接受或批判性的接受，但学校不能强迫学生全面接受教学内容，一旦加入了强制性因素，学生很容易会受到外界因素的影响从而出现社会赞许行为，以外界的标准要求自己，将内心真实的想法压抑起来，这并不利于创新意识的培养和创新能力的提升。

除了社会环境和学校环境外，家庭环境也是重要的影响因素，有人说家长是孩子的第一任老师，这就可以说明家庭氛围和家庭环境对个体起着重要的影响作用，如果有一个良好的家庭环境，那么学生就可以养成良好的习惯。在家庭中的生活也是个体最重要的社会化的过程，因此家长的不良行为习惯也会直接影响到孩子的习惯形成。此外，家庭环境也会直接影响个体创新素质的形成，如果家庭氛围较为民主，家长也比较自信，不刻意强调自己的权威身份，鼓励孩子独立自主，那么双方之间的关系会更加亲密且融洽，而且也有助于提高孩子的创造性。相反，如果家长时刻强调自己的权威地位，将自己放在主体，对孩子进行教育时简单粗暴，不允许孩子出现违抗命令的行为，孩子更可能发展出自卑心理，也不利于创造性的发展，因此，要想提升学生的创新能力，应该改变学生所处的环境，如此才能培养更多的创新型人才。

二、影响自动化专业学生创新能力的现实因素

自动化专业学生创新能力的影响因素包括许多方面，主要有学校因素、教学因素、个人因素等多方面。学校作为传授知识的重要基地，对学生创新能力的提升具有重要作用，自动化专业本身属于工科专业，对教学资源、教学设备等具有一定要求，很多本科院校不具备足够的工科实力，因此很难为自动化专业提供足够的教学资源，这也会影响到学生创新能力和专业能力的发展。学校本身对创新教育的重视程度也会影响到学生创新思维的培养和实践能力的发展，部分本科院校认识到了创新教育的重要性，但在实践过程中却存在着一定不足。学校本身占地面积较大，而且具有较多的院系和专业，不同院系专业在教学方面存在明显差异，在进行创新教育时，也要根据专业的不同进行针对性教育。很多学校不具备足够的实力，缺乏资金支持，没有足够的资金投入，创新教育很难落在实处，难以创造出足够的创新氛围，这也会影响学生创新思维的培养。自动化专业作为专业性较强的学科，需要学生通过实践操作进行理论知识的检验和深入学习，部分本科院校实验室建设不够先进，设备不够全面，软件单一，学生学习过程中缺乏全面的学习资源，难以塑造浓厚的学习氛围，自然会影响到学生创新能力的提升。

部分本科院校重视实验室建设，但忽略了创新竞赛和科研项目等平台的建设，虽然实验室可以让学生获得实践经验，也可以检验理论学习，但学生仍然是按照框架在进行学习，很难打破固定思维。创新竞赛和科研项目的灵活性较高，学生在其中可以发散自己的思维，提出各种假设并进行验证，在这过程中学生的创新思维会得到展现，也会进一步提升[⊖]。目前部分本科院校仍然没有给予足够的重视，学生没有足够的机会参加创新竞赛和科研项目，从而影响创新能力的提升。另外，也有部分本科院校在努力为学生争取机会，但由于本身实力不足，难以吸引到好的科研项目，而学生本身的资质也难以参加大型的创新竞赛，这会直接影响到学生专业能力和创新能力的提升。部分本科院校自动化专业课程设置存在一定不足，也会影响到学生创新能力培养，与其他学科不同，自动化专业包括理论课程和实践课程，实践课程的开设会直接影响学生专业技能的掌握情况和专业能力的提升。部分本科院校的实践课程数量较少，班级学生人数较多，在实践课程教学过程中，教师难以关注到每一个学生的实验情况，难以及时对学生进行针对性指导，这也会影响到学生创新能力的培养。对自动化专业学生而言，实践机会是提升专业技能和创新能力的重要环节，部分本科院校也会为学生提供相应的实践或实习机会，部分本科院校甚至直接建立了先进的创新实验室或创新

⊖ 刘海波，赵彤. 科技创新竞赛助力应用型创新人才培养［J］. 新丝路（下旬），2016（7）：102.

中心，为学生提供创新实践平台，让学生进行独立创新实践。但并不是所有本科院校都具备这一能力，多数本科院校缺乏足够实力，与外界企业的联系也并不紧密，尤其是工科实力不太强的本科院校，难以为学生提供丰富的实践机会，学生只能在实验室中进行学习，却没有足够的实际操作经验，这也使学生的发展受到了限制。

除了学校以外，教师教学也是影响学生创新能力提升的重要因素，教师与学生直接进行沟通，而且肩负着传递知识的重任，教师的教学方法、教学风格等都会直接影响到学生的学习积极性，从而影响学生的专业能力。越来越多的本科院校认识到了教学方法创新的重要性，但承担教学重任的是教师而非学校，因此转变教师的教学理念，创新其教学方法，才是提升学生创新能力的重要途径。许多本科院校的教师在教学过程中仍然采用较为传统的教学方法，即使在进行实践课程教学时，仍然是通过教师口述知识的方式进行讲解，这本质上依然属于较为传统的教学方式，学生在课堂上仍然没有占据主体地位，这样并不利于学生创新能力的培养。自动化专业的发展和更新较为迅速，尤其是科学技术的迅速发展，对自动化专业的任课教师提出了较高的要求。教师需要具有丰富的教学经验和强大的学习能力，这样才能有足够的能力进行创新教育，才能及时消化更多的知识，教授学生最新的内容。另外，自动化专业本身也是技能化的学科，因此教师不仅要有足够丰富的理论教学经验，还要有丰富的实践经验，但目前部分本科院校的专业教师存在着“重理论、轻实践”的情况，在长时间的教学生涯中没有较多的实践机会，因此在教学过程中教师仍以理论知识为主，这正是由于教师缺乏足够实践经验所导致的。教学经验丰富的教师能够对学生进行针对性指导，也能更容易发现学生的潜力和创新能力，并根据学生的实际情况提供支持和指导，但这对教师而言具有较高的要求，许多教师没有足够的能力做到这一点。

要想使学生的创新能力得到提升，教师本身就需要具备创新意识，在教学过程中开展创新教育，教师需要有创新能力才能激励学生并对学生进行指导，因此教师也需要不断进行创新，追求新的教学方法和教学资源，创新自己的教学方式，以此激发学生的创新潜力。简单来说，就是教师需要不断进行学习，保持高涨的学习欲望，但目前多数本科院校的大部分老师都没有办法保持高涨的学习热情，在漫长的教学生涯中，教师长时间面对的对象是学生，以教导者的身份为学生传授知识，因此缺乏一定的竞争力和紧迫感，这也是大多数教师无法长时间保持学习热情的主要原因。学校为教师提供的培训机会有限，教师要想使自己能力得到提升，必须要在日常生活中不断进行学习，但这正是大多数教师最难保持的。在某种程度上，创新也意味着争论，只有在讨论和争论过程中，学生的创新思维才会得到发展。这也意味着教师需要给学生足够的空间和更高的灵活性，目前大多数学生并没有足够的空间，许多教师在教学过程中依然保持严肃庄重的形象，课堂氛围也是严肃的，对学生而言很难打破教师作为权威所带来的压迫感和禁锢感，严肃的课堂氛围也导致了框架的出现，学生难以打破框架，自然难以提升创新能力。本科院校的大多数学生在课下并不会跟教师有过多的交流，师生关系的亲密度并不高，这也是学生学习之路上的一个阻碍，多数本科院校的教师课堂上较为严肃，认为这是保持自我形象的一个良好方法，但这无疑与学生之间拉开了距离。双方没有足够的沟通，也使学生进一步降低了与教师沟通的欲望，在自学的过程中遇到困难时也不会先想到寻求教师的帮助，长此以往，学生的努力得不到足够的回报，会影响到学习积极性，创新能力也得不到足够提升，甚至可能会影响到学习心态。

学生的个人因素对创新能力的提升具有直接影响作用，甚至是决定性作用，要想使自己的创新能力进一步提升，就必须要有足够的创新意识和学习动机。学生在面对本专业难题时应有勇气和兴趣进行探索和研究，这样才能提升自己的学习能力和创新能力，但大多数学生缺乏足够的创新意识，缺乏对科学和技术的热情，这都会直接影响学生在学习过程中的积极性。自动化专业的学习内容较为广泛，涉及多个学科，学习起来也具有一定难度，如果学生在一开始没有打下良好的基础，之后很难跟得上学习进度，这会影响学生的学习积极性，进而影响学生的学习成绩。许多学生缺乏自主学习能力，课堂教学结束后也没有足够的意识再去进行复习和预习，学习的内容无法得到巩固，在之后的学习中也没有打下坚实的基础，会直接影响到整个学期的学习情况。多数学生在进入大学后会有不同程度的松懈，一旦失去了外界的激励和推动，这些学生很难靠自己的努力前进，因此松懈会逐渐演变成放纵。这会导致学生在完成作业和进行设计的过程中，更多的是依靠外界力量，包括同学、智能工具等，而非依靠自己的努力，这不仅不利于创新意识的培养，还会导致认知进一步退化，影响学习成绩。自动化专业的学生除了学习理论知识外还需要进行实践学习，在学习过程中常常会面临各种问题和挑战，这就要求学生具备良好的分析问题和解决问题的能力，只有这样才能不断锻炼自己的大脑，提升创新能力。如今多数学生缺乏解决问题的能力，由于应试教育的存在，许多学生在学习过程中已经习惯了被教师推着前进，但某种程度上，大学阶段是学生自由度较高的一个阶段，自主学习是很重要的一个学习方式，当学生缺乏解决问题的能力时也会影响到创新意识的培养。

自动化专业的实践课程和研究项目通常需要团队合作，一个人很难全部完成，因此这要求学生具有良好的团队合作能力，在团队合作过程中，学生也可以与其他人进行交流沟通，产生思想的碰撞，从而提升自己的创新能力㊀。但根据观察和调查可以发现，进入大学阶段后的多数学生并不具备合格的团队合作能力，很多人认为团队合作是很简单的一件事情，但实际上团队合作十分考验个人的心态、专业能力、学习能力等各方面能力。由于自动化专业的特殊性，许多实践作业和项目是必须要小组完成的，但在这些小组合作中可以发现，有部分学生存在浑水摸鱼的情况，有的是心有余而力不足，想要加入其中却没有足够的实力，有的则是无法融入团队，难以和其他人共处。这些都说明多数学生目前是缺乏一定团队合作能力的，一个团队中的所有人，必定要

㊀ 张彩霞，屈莉莉，吴茂．大学生实践创新能力协同培养模式探析——以地方高校自动化专业学生为例［J］．中国高校科技，2015（3）：84-86.

经过磨合才能够互相进行配合，但多数学生较为自我，难以换位思考，因此难以完美度过磨合阶段。体验较差的团队合作经历会使学生进一步排斥与他人进行合作，长此以往会导致恶性循环，必定会影响学生自身能力的提升。自动化专业是对专业技能要求较为严格的专业，学生在学习过程中会遇到许多的挑战，这就要求学生具有一定的自信心和积极心态，这些因素对创新能力的提升也具有十分重要的影响作用，多数学生在实践操作中都遇到过失败的情况，但能否调整好自己的心态，则是对学生的重要考验。许多学生难以面对自己的失败，尤其是面对竞赛和科研项目时，当参与到实践项目中并真正上手之后，大多数学生都会发现这与自己之前学习到的内容和自己想象到的情况具有明显的差异，甚至完全不同。实践操作的难度很大，学生必定会在其中遭遇挫折和失败，能否及时调整自己的心态，重新进行尝试，对学生而言也是重要考验。许多学生缺乏强大的心脏，承受能力较低，在面对失败时需要很长时间进行消化，这必定会影响到学生的学习情况，也不利于创新思维的培养。

第三节　自动化专业学生创新能力培养方面的不足

一、创新政策引导不足

要想提升自动化专业学生的创新能力，需要有足够的创新政策进行引导，随着科学技术和社会的不断发展，自动化专业在市场中的优势越来越明显，国家也不断提出要发展人才战略，人才是创新的根基，也是创新的核心要素。从中央政府到地方政府，各级政府都强调了学生创新能力培养的重要性，目的是形成全民创新的良好氛围，从而推动社会进行创新，使之迸发创新活力。2013 年、2015 年、2017 年、2021 年、2023 年都召开了关于自动化专业的全国会议，对自动化专业的发展进行了分析，并针对目前存在的问题提出了众多的解决方法，这些都说明了国家和社会对自动化专业创新人才培养的重视。相关政府也出台了大量相关政策，目的是激发人才创新的积极性，从而推动双创型人才目标的实现，为学生和创业者打造良好的创业氛围。但创新政策的制定并不意味着能够完美落实，多数学生对政府所推出的创新政策并没有足够的了解，甚至有的学生完全不了解这方面的内容，认为这与自己无关，无法为自己的学业和未来的就业带来太多的价值加成，这会直接影响到创新政策的推行和落实，也不利于提升学生的创新能力。自动化专业创新人才培养需要有技术和设备作为基础，在这其中资金是最重要的问题，但是对于许多本科院校而言，学校本身的经费并不充足，自动化专业设备购买、维护也需要一定的费用，因此学生进行创新时最重要的就是相关资金的需求，如今国家及地方政府虽然对自动化专业创新人才培养给予了相关政策，但是在资金筹集方面却没有太多的优惠。

多数学生不了解相关政策也与本科院校自身引导不足有关，政府出台相关政策之后，本科院校需要明确努力方向，根据相关政策明确创新教育政策，并以政策内容为基础，设立相应的创新教育机构或创新部门，并针对学生提出创新培养计划和指导方针。许多本科院校对自动化专业的相关政策较为关注，却并没有及时向学生进行介绍，导致学生无法及时了解相关内容，许多本科院校只是在官网上进行了简单介绍，但大多数学生并不会主动进行了解，因此学校的宣传渠道不够多样化也是导致创新政策引导不足的主要原因。部分本科院校在创新政策宣传方面给予了重视，多数学生可以较为及时地了解到相关的创新政策，但学校却没有根据创新政策制定创新培养计划和指导方针，学生在了解相关内容之后完全没有头绪，无法投入到创新实践当中。此外，多数本科院校都缺乏有效的创新激励机制，包括创新奖学金、创新竞赛、科研项目资助等，这些创新激励机制可以鼓励学生积极参与创新活动和创新项目，但创新激励机制的缺乏使学生认识不到创新的重要性，也难以形成创新文化氛围。许多学生对创新意识和创新能力仅仅停留在概念认知方面，没有将其纳入到自己的学习和生活当中，大多数学生不了解创新能力的实质，也无法自行提升自己的创新能力。因此，本科院校需要有相关的政策支持和投资使学生有足够的机会参与到创新项目和竞赛当中，但许多本科院校的资金较为紧张，分配到各个专业的金额较少，难以为学生提供创新教育和培训，以及足够的创新项目和竞赛机会。要想培养学生的创新思维和创新意识，需要进行系统性培训，多数本科院校在教育体系当中并没有设置相应的创新课程和培训项目，学生对自身创新能力没有足够了解，也无法使自己的能力得到全面提升。

二、课程设置不合理

在针对自动化专业进行课程设置时，应该将创新课程纳入到课程体系当中，但目前仅有部分本科院校开设了与创新能力培养相关的课程，这些课程中还有许多是选修课程。目前仍然有大部分的本科院校没有开设专门的创新课程，创新课程的主要目的就是提升学生的创新能力，让学生认识到自己具有相关的潜质，在通过系统性学习之后，学生可以在日常学习中主动地提升自己的创新能力，因此创新课程的设置具有重要作用。部分本科院校虽然设置了与创新能力培养相关的课程，但在课程主要内容方面依然存在一定问题，许多学校开设的创新课程主要是为学生讲解社会对创新能力的要求、相关的政策、创新意识培养方法、自主创新等内容。其中既包含理论课程，也包含实践课程，课程结束后教师会对学生的创新基础知识和创新技能进行综合测评，但目前部分本科院校在开设创新课程时，仍是以理论知识为主导，实践课程占比较少，学生更多学习到的是关于创新的相关理论知识、概念等内容。这些并不能对学生创新能力的提升产生明显的积极作用，还会增加课程开设数量，造成不必要的资源浪费，这在一定程度上也说明了这些本科院校对学生创新能力培养工作的重视程度依然不够高。部分本科院校将创新课程设置为了必修课程，但除此之外还没有其他更多的选修课程可供学生选择，学生学习到的内容相似程度较高，因此无法为学生提供针对性的指导和创新能力提升的培养方案，对学生而言，这也会限制其创新思维的发展。此外，许多本科院校设置的创新课程内容过于理论化，学生在学习过程中缺乏实践和创新的机会，这种情况下学生在学习时仍然只能够被动接受知识的输入，而无法主动进行应用和创新，理论知识过多会对学生造成较重负担，不仅无法提升学生的创新能力，甚至会限制学生创新思维的发展。

自动化专业学生创新能力培养具有一定难度，此专业本身就涵盖了较多领域的内容，许多本科院校在培养学生时也采用了通才教育的方法，没有刻意明确不同专业之间的界限，目的正是为了让学生学习更多、更全面的知识，这也说明自动化专业本身就有跨学科的学习[㊀]。对学生而言，要想提升自己的学习成绩和竞争力，必须要学习其他学科的知识，以此来丰富自己的知识面，提升自己的专业技能。创新本身也需要跨学科的知识和技能学习，但部分本科院校在课程设置方面较为单一，学生会学习到涉及不同学科的内容，但这些内容依然是以理论知识为主，学校也没有设置专门的跨学科教学方案，学生在学习时难以将不同学科的知识进行融合，因此很多时候会出现学的内容过多、过杂，但在实际应用过程中却无法将其调动出来，这都是由于学习程度不够深入所致。缺乏专门的跨学科教学也限制了学生获得多元化知识和技能的能力，进而影响了学生创新能力的提升。为了解决这一问题，本科院校必须要针对自动化专业进行考察和研究，设置专业的跨学科教学，提升学生的学科协作能力。许多本科院校会在创新课程结束之后对学生的学习情况进行考核和评估，但许多本科院校的评估方式存在明显的不合理，多数本科院校在进行课程评估时依然偏重理论方面和知识记忆的考核，仍然采用应试的方式，让学生通过回答试卷为学生打分，考试内容主要是相关政策、创新能力概念、创新模式等，这些理论层面的内容对学生创新能力的提升并没有太多的积极作用。本科院校的考核缺乏对学生创新能力的考核，这种评估方式并不利于培养学生的创新意识和创新能力，也无法让学生认识到创新的重要性，学生对待创新课程的态度与其他课程没有区别，这会使学生对创新的认知出现偏差，甚至忽略创新的重要性，长此以往会严重影响学生创新思维的发展。

三、教师综合能力创新能力有待提高

本科院校教师的综合能力和创新能力对学生的创新能力提升具有重要影响，但目前许多本科院校教师的综合能力和创新能力都存在不足，这会影响到学生创新思维的发展。多数教师的教学方法缺乏创新，如今很多教师依然习惯使用传统的教学方法，例如讲课、讲义、考试等，这种教学方法的优点在于可以让学生学习到相关的理论知识，并将其进行记忆，但同时也存在明显的局限性，即难以激发学生的创新思维和创

㊀ 孙宇贞，黄伟，李芹．专业课程改革中提升学生创新能力的探讨［J］．中国电力教育，2014（14）：92-94.

新能力。自动化专业学生除了学习理论知识外，还需要掌握相关的专业技能，许多教师存在“重理论、轻实践”或“重实践、轻理论”的情况，许多本科院校缺乏全面型教师，一般负责理论教学的教师和负责实践教学的教师并不相同，这就导致学生需要适应不同教师的教学风格。如果两位教师没有提前进行交流，在教学时很可能会出现教学进度不同或教学内容有所偏差的情况，这些都会影响到学生的学习体验。另外，部分本科院校的部分教师既负责理论教学，也负责实践教学，却在其中一方面有所侧重，因此可能会出现在进行理论教学时难以向学生讲解清楚相关的原理和概念，在进行实践教学时依然是采用理论教学的模式，学生难以在其中获得足够的实践经验的问题，这些都会影响学生创新能力的提升。此外，教学内容也需要进行创新，大多数教师在进行教学时没有加入足够的创新思维，在进行理论知识教学时是传统的课堂教学，在进行实践教学时是在实验室进行教学，这样的教学内容难以激发学生的兴趣和创新能力，许多教师没有将理论知识和实践内容相结合，在实践中进行理论教学，在理论中进行实践操作讲解，将两者相结合可以让学生在实践中进行学习，在理论中明白实践的操作原理，从而加深理解和记忆。

不仅学生需要有创新实践机会，本科院校的教师也需要有一定的实践经验，只有这样才能将理论知识与实际问题相结合，帮助学生将书本上的内容运用到实际生活当中。目前部分本科院校教师缺乏足够的实践经验，很多学校缺乏足够的资金为教师提供专业的实践机会和培训机会，教师自身的实践经验难以得到丰富，也有部分教师在漫长的职业生涯中养成了松懈的心理状态，不再致力于提升自己的实践能力。如此，教师不仅不能使自己的理论知识水平和实践能力得到进一步提升，也无法为学生提供较多的实践和应用的机会。部分本科院校的教师在科研方面的投入不足，导致科研成果较少，自动化专业的发展速度较快，教师必须要不断进行学习，不断进行科研，才能够保持对此学科的深入了解和不断创新，但部分教师只重视了自己的教学工作，在科研方面的投入不足，也没有足够的机会获得好的科研项目，这导致教师很容易在自动化专业不断发展的过程中逐渐与市场脱轨，这也会影响到学生创新能力的提升。在多数本科院校中，自动化专业的教师大多都毕业于高等院校，具有高学历和丰富的专业知识，这是优势，但同时也是劣势。许多教师的理论知识远远比实践经验要丰富得多，在自动化专业教师中，具有创新创业经验或者来自一线的技能型人才占比较少，对于自动化专业学生而言，要想提升其创新能力，这样的师资力量显然无法满足学生的需求，许多本科院校中的教师甚至没有足够的创新创业锻炼经验或实践操作经验，这主要与学校的招聘要求有关。许多本科院校缺乏足够的实力和资金，为了提升学校的知名度，吸引更多的资金，在招聘教师时会更看重招聘者的学历层次和科研能力，通常会对教师的学位具有明确要求，还会考察其专业知识功底和科研能力。因此，许多本科院校招收到的教师很多都是在“重理论、轻实践”的传统培养模式下产生的高端人才，其本身就缺乏足够的创新实践经验，这也会导致学校教师创新能力先天不足。

比起实践锻炼而言，许多教师更注重论文的发表档次，这主要与教师聘任、考核、评价机制相关，许多院校在对教师进行排名与评估时更注重学术研究，追求论文的级别和数量，许多教师为了应付考核和评估机制也会更重视论文的发表，重视科研，忽略实践教学。此外，多数教师的创新意识较为淡薄，这会直接影响教师对创新活动的投入，部分大学教师并没有从思想上真正意识到创新的重要性，认为大学教师的职责仍然是为学生教授书本知识，因此许多教师并不参加创新活动，认为这无法对自己的教学生涯带来助力，整个教学活动仍然是以教师为主导，以教师为中心。另外也有一部分教师认可创新的重要性，但是却没有给予足够的重视，没有将创新与教学质量和社会发展挂钩，在思想上有关于创新的内容，在具体做法上却依然没能将创新落实到实质，当学校有相关的创新项目或科研项目时，这部分教师可能会展现出较为积极的态度，在开展教学研究时却依然不够主动，因此无法获得良好的教学效果，也无法提升个人和学生的创新能力。创新本身就是一个长期的过程，在创新过程中也会有许多的挫折和失败，因此进行创新不仅要有丰富的理论知识和实践经验，还要有足够的信心和勇气，创新的过程本身就是探索研究的过程，充满了艰辛，正因如此，多数本科教师对创新的态度并不明朗。正是由于从事教学科研的专业创新活动存在着较大的风险，许多教师本身就有许多的教学任务和科研工作，很难有足够的精力去进行创新实践活动，同时，当面对可能会失败的情况时，许多教师的态度会变得十分谨慎，宁可无功，但求无过，这些教师缺少创新的信心和勇气，即使有宝贵的想法也不会主动进行创新实践，这也导致了大量宝贵机会的丧失。

四、学生在实践课程中表现的实践能力和创新能力不足

部分本科院校的学生在实践课程中并没有表现出良好的实践能力和创新能力，这与学生的创新意识有关，根据调查可以发现，只有少部分的学生愿意进行实践课程的学习，愿意参加实践科研项目。大部分学生对实践课程保持无所谓的态度，还有一部分学生不愿意参加实践课程，这在一定程度上说明学生在实验课程的学习过程中缺乏足够的积极性。受到传统教学方式的影响，我国在教学方面更偏向于理论教学，对学生实践能力的教授和考察只占据很少一部分，在大学之前学生基本没有专业的实践课程，更多的是理论学习。很多学生本身也已经习惯了这种学习方式，而且我国实行了多年的应试教育，取得好的考试成绩的学生就可以考上好大学，但这在一定程度上只能说明成绩好的学生具有较强的学习能力，但并不能说明其实践能力和创新能力同样强。一方面，应试教育更多考察的是学生的记忆能力，但并没有考查学生的知识运用能力和对知识的理解情况，因此许多学习成绩较好的学生在思想上是存在一定缺陷的，这类学生不愿意放弃自己的优势，去尝试自己不擅长的领域，因此会对实践课程存在明显的排斥，这正是由于学生本身动手能力较差所致。这是在学生群体当中普遍存在的问题，许多学生和家长、教师更注重学习，却忽略了在日常生活中动手能力的培养，甚至缺乏对生活中常识的认识，导致实践能力存在明显不足。另一方面，部分学生根

本就没有实践操作的意愿，在自动化专业的实验过程中，学生不仅要掌握实验设备的运行，还要掌握其运行原理，以及各种设备的安装、调试、维护，甚至要利用这些设备设计并开发系统平台。不同任务难度不同，许多学生通常只满足于简单的掌握实验设备运行的任务，因为这类实验课程难度最低，而且能够满足学生的动手意愿，但当实践课程的难度进一步增加时，学生则会出现排斥心理，学生对实验的具体过程和设备的运行原理等专业内容缺乏足够的兴趣，也会明显影响到学生实践能力的提升。

根据调查可以发现许多本科院校的学生自我评价较低，许多学生认为自己实践能力一般，甚至较差，这是学生缺乏自信心的表现。在实践教学过程中，当教师布置的课堂任务较难时，大多数学生并没有立即进行学习，而是采取了能拖就拖的态度，在面对具有难度的课堂任务时，学生会表现出比较明显的畏难情绪，如果教师没有强制要求完成任务，许多学生甚至根本不会做任务，如果教师强制性要求任务完成，多数学生采取的措施也是应付了事，这也体现出了学生自身主观能动性不高的特点。自动化专业的技能性较强，许多本科院校在假期时会让学生进行社会实践并提交相关的实践报告，但这往往只停留在形式上而没有起到应有的作用。许多学生只是找相关机构盖章或签字就算完成实践任务，在此过程中学生丝毫没有获得实践经验，甚至多数学生对社会实践活动存在着诸多意见与不满，认为这是在浪费时间。部分学生存在好高骛远的心理，认为自己可以胜任更重要的任务，对基础任务不屑一顾，也不会全身心投入到相关工作，在实践活动中也难以得到真正的锻炼。虽然多数学生对实践教学并不热衷，也缺乏足够的积极性，但基本所有的学生都认同实践的重要性，大部分学生都认为实践能力对自己的学习生涯和日后就业具有重要影响。这种思想上的重视往往却并没能落实到行动中，目前多数本科院校的大多数学生在课后并不会主动进行学习，也不会积极安排实践活动，而是在娱乐活动中耗费大量时间，这无疑是浪费了自己宝贵的时光，这也说明了多数学生缺乏一定的自我控制能力。

自动化专业涉及了较多学科，也要求学生具备相关的专业技能，但部分学生对自己未来就业所需要的实践能力仍然较为模糊，许多学生在学习时并没有考虑过自己未来的就业规划，也没有试图了解过行业需求和相关市场发展[㊀]。绝大多数学生在上大学之前甚至对自动化专业并不了解，在报志愿时更多的是听从家长或教师的志愿，对专业本身缺乏足够的兴趣度，因此也导致学生对未来的职业能力定位并不精准，就业观念也十分模糊。在入学之后，学生才真正开始学习相关知识，并通过网络信息逐渐加深对于本专业的了解，此时，许多学生会发现这与自己想象中的专业存在着巨大的差异。许多学生能力有限，在入学之后的最初阶段没能建立起对专业的兴趣，学习起来也较有难度，因此很容易会与其他学生在成绩上拉开距离，这也会使学生产生挫败感，影响自己的学习成绩和专业能力的提升，当学生有机会参与科研项目或竞赛项目时，

㊀ 李霞，赵贵文. 提高电气工程及自动化专业学生创新与实践能力的研究［J］. 电子世界，2014（16）：423-424.

会在实际工作中遇到更多的困难，这也容易使学生产生严重的挫败感，从而降低对职业的兴趣与忠诚度。

此外，许多学生在实践过程中很少会提出自己的创新想法，更多的是依靠教师提出的设计方案进行实践操作，在操作过程中学生也十分依赖来自教师的指导和参考意见，没有较强的自我指导能力。实践创新本身就具有一定难度，在此过程中遇到一些挫折和失败是不可避免的，但由于承担了多年的知识接受者的身份，学生在实践过程中依然想要得到来自教师的指点，甚至是每一步操作都想得到来自教师的评价，必须要确保自己的操作步骤完全正确、足够完美才可以，但这本身就是违反常理的。实践和创新过程中存在着巨大的不确定性，学生在此过程中遇到的每一个问题和挫折都是经验的累积，学生可以发现问题，尝试自己解决问题，并努力运用自己学习到的知识完成整个实践，但当前大部分学生仍然习惯接受既有知识的灌输，习惯性思维仍然占据主导地位。在具体的实践过程中，教师往往只是提出实践任务，并不会明确每一个实践步骤，学生需要运用自己的知识进行实践操作，最终得到正确的结果，因此这种任务模糊、结果明确，就意味着学生必须要主动发现问题，并研究问题，突破自己的惯性思维，在实际情境中提高自己的实践能力。创新在自动化专业中具有十分重要的作用，优秀的人才必须要善于发现突破点，进而展开工作，但大多数学生习惯于接受既有知识，目的是在短时间内提高自己的考试成绩，却忽略了实践能力的发展和提升，这也会影响学生未来的发展。

五、学生参与创新比赛较少

当前许多本科院校的多数学生都存在参与创新比赛较少的情况，在所有的学生中只有一小部分的学生会积极参与创新活动和相关竞赛，有部分学生会经常参加相关活动，但有部分学生并不热衷于参加创新比赛和竞赛项目，甚至有部分学生完全没有参加过任何比赛项目，这在一定程度上也展现出了当前本科院校学生参加活动的积极性较低，学生的创新意识较差。兴趣和欲望是人们进行创新活动的动力源泉，如果缺乏创新的欲望，没有足够的兴趣，学生会丧失主动培养创新意识和参与相关活动的积极性。随着学生数量的不断增多，学生的创新意识反而出现了减弱，大多数学生仅仅满足于实践课程中的实践操作，并不会主动进行创新活动。许多学生缺乏发现问题的能力，实践操作过程更多的是按照书上或教师讲解的步骤进行操作，没有提出过具有新意的问题，甚至没有主动思考过相关问题。另外，在实践操作过程中遇到新的问题时，学生无法提出具有新意的看法，缺乏一定的灵活性，在解决问题时，经常会出现照抄照搬书上理论知识的情形。多数学生不参加比赛活动的主要原因是并没有足够的积极性和兴趣，许多学生认为考上大学已经是一个阶段的终点，却并没有认识到这也是一个阶段的新起点，许多学生在学校上学更多的是为了获得知识或拿到学历证书，甚至有部分学生表明自己就是为了拿到学历证书，在毕业时好找到一份合适的工作，认为自己不需要浪费精力参加这些活动。另外也有部分学生表示自己能力较差，没有创新意识，因此无法参加竞赛项目和创新活动，这些都说明学生的创新意识和实践能力较差，没有对创新活动形成正确认知，这也导致学校难以培养出大规模的创新型人才，这也会影响到整个专业的后续发展。

自动化专业的竞赛项目和创新活动大多是团体项目，因此要求学生以团队形式参加，这就要求成员之间具有一定的协调能力和合作能力[㊀]。如今本科院校的多数学生都存在团队协作能力不足的情况，其中包括团队成员目标不一致的因素，不同学生参加创新活动的目的会有所差异，部分学生参赛是为了锻炼自己的创新能力，同时检验自己的学习成果，取得好的成绩，为自己未来的就业增添一份助力，因此在整个参赛过程中也较为积极主动。但也有部分学生参赛目的不纯，本着能混就混的原则，处处被动，处处应付，在创新活动中难以承担起重要的工作，甚至会找借口逃避，参赛更多的是为了拿到奖状，找到一份好的工作，但这与自身的职业规划并不相关，只是单纯的出于薪资和社会地位的考虑，这在一定程度上也说明了许多学生参与创新活动具有功利性的目的，这必然会影响到创新思维的发展。如今依然有相当一部分学生缺乏足够的团队协作能力，这与学生的过往经历相关，我国实行了多年的应试教育，学生在进入大学之前更多的是单打独斗，其他人都是自己的竞争对手，而考取大学的途径也是打败其他的竞争对手，让自己获得更高的分数。很多学生长期受到这种教育环境和氛围的影响，会导致缺乏一定的团队协作能力，部分学生并不是不想参与创新活动，而是在最开始寻找团队成员的阶段就已经宣告失败，无法寻找到适合自己的成员、无法度过磨合阶段、在整个实践过程中存在分工不合理的情况等，这些都影响到了学生参与创新活动的积极性，久而久之，学生的兴趣和积极性不断下降，最终选择不再参与创新活动。

六、校企合作创新创业项目不多

我国本科院校数量较多，并不是所有的学校都有足够的能力争取到较多的校企合作创新项目，许多学校都没有足够的校企合作项目，对学生而言，大多数学生都没有参与过校企合作项目，只有小部分学生参与过具体的合作项目，甚至有部分学生根本就不了解自己专业的校企合作项目。一般学生所参与的创新创业项目更多是由学校举办或由导师牵头带领，企业在本科院校创新创业教育方面的贡献程度并不高，可以说并没有真正参与到我国本科院校的创新创业教育工作当中。许多企业在选择合作伙伴时也更倾向于选择实力较高、名气较大的学校，但很多本科学校既没有强劲的实力，也缺乏足够的资金投入，因此很难争取到较多的企业合作机会，自然无法为学生提供足够的实践机会。对学生而言，虽然大多数学生并没有参与过校企合作项目，但其本

㊀ 向敏，胡向东，蔡林沁，等. 自动化本科学生创新能力的培养方法探讨 [J]. 中国电力教育，2013 (31)：29-30.

身对于实践机会并不排斥，大多数学生仍然希望自己的实践能力能够得到进一步提升，这也可以提升自己的就业竞争力。但许多学生具有足够的意愿，却没有足够的实力，因此即使有相关项目也无法参与到其中，参与人数不足会影响到企业与学校的后续发展，而这又会影响到学生实践能力的提升，也会影响学生参与创新项目的意愿，因此可以说是恶性循环。想要解决这一问题，只能由学校出面，在当地政府的带领下，与企业达成长期且深度的合作，为学生提供平台和机会的同时，也不断创造出具有价值的创新成果，以促进产业经济的发展。

许多企业在与学校展开合作时也会有自己的考量，考虑更多的是现实因素，企业经营的目的就是为了获取更多的利润，这样才能够在激烈的市场竞争当中继续生存下去。多数的企业与学校进行项目合作并不能够获得更多的经济效益，反而承担了一定的社会责任，从现实层面来看，短期的校企合作对企业而言是弊大于利。为了开展校企合作，企业必定要进行资金投入，可能还要提供基地、资源、项目等，这些都会影响到企业的生产进度，增加人力和物力投入，因此许多企业对校企合作的积极性并不高。另外，我国本科院校数量较多，并不是所有院校都具有较高的知名度和较强的实力，在许多企业看来，与普通院校进行合作并不能够为企业本身的发展提供助力，因此仍然需要由政府出台相关政策，出台更多的激励措施和支持政策来调动企业的积极性。在校企合作中，企业在很多方面都会受到限制，包括合作方式、合作内容等，许多企业缺乏足够的主动权，大多数企业都想在校企合作中占据主体地位，但由于合作项目的特殊性及学校的需求，这种要求通常不能够实现。对于学校而言，校企合作可以为学生和教师提供实践平台和更多的实践机会，可以提升学生的实践能力，也有利于促进本专业的发展，因此很多时候双方并不能做到换位思考，这就会导致在合作过程中出现许多分歧，难以进行长期且深度的合作。不愉快的合作经历也会影响到企业对校企合作的看法，从而进一步降低企业的积极性，导致学校能够争取到的校企合作项目数量进一步减少，学生的实践机会也会减少。

许多本科院校自身条件的不足也导致校企合作的顺利开展受到了制约，许多本科院校的硬件条件不足，存在基础设施差、实训设备短缺等情况。随着近几年学生人数的增加，学校不得不将更多的资金用于基础设施的建设，因此很难再有足够的资金去购买专业的设备，在这种情况下，学校根本没有办法开展高质量的实践教学。校企合作往往并不只是有学校和企业双方的参与，很多时候地方政府在其中也起到了重要的作用，国家的扶持和教育经费的大量投入使学校的资金情况有所好转，但经费筹集的渠道并不稳定，财政生均拨款稳定投入机制不够健全，最终本科院校总体仍然存在投入水平偏低，区域间差异较大的情况。除了硬件之外，软件条件的缺乏也影响着校企合作的顺利进行，在开展校企合作的过程中，本科院校必定要投入一些资源，包括师资力量、人力资源、基础设备等。

当前，一方面，许多本科院校所聘任的教师大都是刚毕业的高学历人才，缺乏足够的实践经验，这类人才通常担任一线教学工作，具备丰富的理论知识和足够的教学经验，却缺少企业实践经验，对企业实际的生产过程、工作流程等缺乏足够的了解，存在实际操作能力普遍较差的问题，因此难以在校企合作中发挥作用。另一方面，本科学校担任实验实训的教师具有丰富的实践教学经验，但学校资金短缺，导致学校的设备更新速度跟不上市场，因此这类教师缺乏对先进生产技术的了解，知识更新的速度也跟不上社会经济的发展速度，虽然具有较强的教学能力，但并不能指导学生运用先进技术进行实践操作，这也导致大多毕业生无法满足企业对人才的要求。对企业来说，缺乏软件和硬件的学校没有足够的吸引力，但学校又需要有足够的实践机会来提升教师和学生的实践能力，因此双方的合作大多是由学校主动发起的，企业在合作过程中必定要配合学校的教学目的和相关情况，因此很多企业认为自己处于被动地位，学校本身也没有强劲的实力，这也导致企业的合作意愿进一步降低。

七、学校的社会关注力度不足

从长远来看，校企合作的意义重大，而且可以创造更多的经济效益，但目前看来仍然存在着许多尚未解决的问题，从学校层面来看，很多学校虽然有主动争取校企合作的意愿，但由于学校的管理层较为复杂，领导人数较多，不同管理层之间的意见不统一，这会影响到校企合作的顺利进行。首先，根据相关调查可以发现大多数教师具有强烈的争取校企合作的意愿，但很多领导层却并没有表现出强烈的合作意愿。许多学校负责校企合作的领导对相关专业的了解不够全面，无法认识到校企合作对专业发展和学校发展带来的积极作用，在争取合作的过程中一味强调自己的主体地位。企业本身就需要耗费人力、物力、资金来展开校企合作，学校的关注度和重视度不足会直接影响企业的合作意愿。其次，经过调查可以发现多数学生对学校所争取到的校企合作并不满意，有部分学生认为校企合作的项目跟自己的专业不对口，自己所学习到的知识并没能在校企合作当中得到实践，自身实践能力提升也有限。另外也有部分学生认为校企合作忽视了学生的权益，学生在项目开展合作当中并没有学习到较多的知识，甚至会受到一些不平等的待遇，这些都说明了目前部分院校对校企合作并不够重视。部分学校是在当地政府的牵线下与企业展开了合作，但在后续的合作过程中并不上心，也使企业得到了不好的体验，部分学校在合作前期对项目进行了关注，但随着时间的延长，学校没有足够的精力关注每一个合作项目，交流不充分容易导致项目在开展过程中出现一些纰漏，从而影响企业的合作积极性。

除了企业之外，政府在校企合作中也起着重要的作用，甚至发挥着主导性作用，许多企业乐意开展校企合作正是由于政府出台的相关政策，政府在财政、金融、土地等方面对校企合作给予了优惠和扶持，在这样的情况下，许多企业也乐意承担一定的社会责任。但在合作实际开展过程中，有相当多的企业表示并没有接收到来自政府的扶持，这也导致许多企业对于政府在校企合作中发挥的作用明确表示了不满意。政府出台措施本意是为了促进校企合作的顺利进行，也是为了促进当地经济的发展，推动产业升级，使社会发展迸发创新活力，但优惠政策从出台到落实需要经过许多阶段，在这一过程中难免会出现纰漏，导致最终的行动与出台政策并不相符。此外，也有部分企业对相关政策并不了解，这也说明政府在政策宣传方面存在着一定不足，因此难以营造校企合作的社会氛围。许多地方政府都会出台关于校企合作的相关政策，但政策的监督和落实却没有相关法律法规的保障，正是由于缺少相关政策和制度的约束才导致校企合作的顺利进行受到了影响。也正是由于缺少相关的政策和制度，学校和企业双方在合作过程中才容易出现责任不明的情况，这不仅会影响项目的顺利进行，还会增加合作风险，导致双方不敢冒着巨大风险进行深入合作。

另外，社会上对于校企合作的认识并不全面，没有给予足够的关注度，在校企合作项目中，大多数企业更愿意和知名高校进行合作，具有雄厚实力的高校总是能够争取到更多的合作项目，学校的实力也会进一步提升，并争取到更多的合作项目。这会导致资源分配不均，最终出现强者更强、弱者更弱的局面。许多本科院校没有知名高校雄厚的资金实力、强劲的师资力量、全面的先进设备，也没有高职院校对实践的高度重视和大量具有一定实践能力的人才，因此在校企合作中处于一个较为尴尬的局面[㊀]。许多高职院校的实践课程开设比例甚至要高于理论课程，即使缺乏先进的设备，学生依然具有一定的实践能力，并且培养出了一定的动手思维，而且高职院校的要求普遍更低，企业可以用更低的成本开展校企合作，因此企业的积极性也会更高。普通本科院校既有一定的资源，但同时也缺乏大量具有实践能力的人才，因此在某种程度上，普通本科院校不是企业合作的最佳选择，这也导致在社会层面上提起校企合作时，更多人想到的不是知名高校就是高职院校，普通本科院校所受到的关注度远远不够。

第四节　自动化专业学生创新能力培养存在问题的成因

一、创新能力培养与社会经济结构优化认知脱节

当前许多本科院校的教育存在行政化倾向而非实用性倾向，这也导致了创新目标与实践行动不统一的情况，这种情况是整个教育体系的问题，但目前我国已经认识到了教育当中所存在的不足，也出台了相关政策破解这一难题。要想提升学生的创新能力，需要转变旧观念造成的惯性影响，对于本科院校学生的创新教育而言，最主要的就是要解决学生传统的接受知识灌输的惯性思维。许多学生对创新缺少正确的认识和理解，无法实现将专业知识转化为创新成果的过程，存在这种情况的主要原因就是学校所进行的专业知识的教学与创新教育之间缺少服务现实社会的紧密联系。在具体教

㊀ 史敬灼. 自动化本科专业学生实践创新能力培养模式探索［J］. 中国电力教育，2011（26）：79-80.

学过程中，教师一味讲解相关的专业概念，为学生构建知识体系，却没有向学生介绍此专业在社会中的具体应用、发展前景，以及与社会的紧密联系，也没有让学生明白创新与社会产品生产之间的联系。因此，要想提升学生的专业能力，就要在教授本专业知识的基础上让学生养成提升创新能力的重要观念，让学生具有足够的知识学习能力和思考能力，如此才能提升学生的创新素养。

创新能力的提升在某种程度上可以帮助学生进行创业，但目前许多学生并没有创业的想法，主要是由于缺乏足够的勇气和信心，这也会影响到学生创业能力的提升。此外在进行创新教育时，许多教师忽略了工匠精神和企业家精神的引导，创新教育包含的内容十分广泛，除了要有创新性之外，也要力求真实，因此教师应使学生对创新的内涵具有正确且全面的认知，应在创新教育中强调反对弄虚作假、以次充好、不正当竞争等错误的观念和行为。尤其是在高等学校，学生在接受高等教育的过程中，教师必须要引导学生学习正确的知识，培养正确的观念和认知，不能存在误导行为。许多教师在教学过程中并不重视思想层面的教育，但这其实也是创新教育的重要组成部分，我国已明确提出了大学生创新理念，应将相关精神融入教育过程中，使大学生创新能力的相关指标得以迅速发展。本科院校在教育过程中不能忽略社会经济的发展，使教学活动与社会发展割裂，而应该在其中发挥积极的建设性作用，将专业知识与社会经济发展相结合，使学生明白自己接受教育的目的。

在培养学生创新能力的同时，也应该与学生未来就业进行紧密联系，许多学生实际上并没有全面且正确的劳动观念，相反，由于网络的发展，许多学生通过网络接收到了很多消极的信息，这直接影响到了学生对未来的规划，具体表现为许多学生以网红作为自己的未来职业定位，在就业时更注重薪资，而不开发自己的自我价值，从而导致求学心态受到影响。在对学生进行创新教育时，应该让学生深刻地明白生产资料的内涵，其涵盖了生产实施者与生产活动组织者两个方面。学生不能单向排斥生产组织，不能过分强调生产劳动过程的参与，这些都不利于学生对经济发展进行正确认知。如果学生没有正确的人生观、世界观、价值观，就无法区分普通生产者和优秀工匠的差异，无法区分不合格的生产组织者和优秀企业家的区别，学生在接受专业教育的同时缺乏全面的思想政治教育，会导致学生在观念和行为上存在明显的局限性，这会直接影响到学生就业的成功率。在某种程度上，大学生的就业情况和创新能力会直接影响到我国的进步和发展，如果学生无法正确实现自我创新激励，无法正确认识自我与生产关系的联系，会直接影响到就业成功率，也不利于社会的发展。

二、创新能力培养中对自动化专业学生时代使命感的培养不足

当前许多本科院校在培养学生创新能力时忽视了对正能量的引导，许多学校制定了相关的培养方案，却缺乏创新能力培养的相关细节，忽视了其中正能量问题的存在。20 世纪 50 年代我国进入了新的发展阶段，但之前的封建思想仍然存在，近代历史的屈

辱也随着历史的发展而产生了变异，对当前创新人才培养发展也产生了明显的束缚或禁锢。传统的教育方式对延续我国文明，夯实理论基础，强化知识记忆具有积极作用，但随着社会经济的不断发展，这种传统的教育方式已经不利于学生创新能力的提升，如果无法转变传统的教育方式，将会使学生陷入教育陷阱。学生创新能力的提升受到多种因素的影响，包括创新课程的制定、创新教育内容的全面科学与否、专业课的创新延伸、人才社会输送入口公平与否等，这些都影响着学生创新能力的发展。因此本科院校要想提升学生的创新能力，必须做好正能量引导，在办学的同时也要以市场为导向，正确认识学科发展创新和大学生创新观念的正能量引导的一致性，使人才培养标准更科学、更全面，以正能量引导人才培养方向，改变传统的唯学历论、唯证书论、唯成绩论、唯奖项论，只有解决这些不利于创新的因素才能够使创新得到发展。

要想提升学生的创新能力，教师自身必须具有足够的创新素养和创新能力，因此学校不仅要为学生提供足够的实践机会，也要为教师提供足够的创新实践机会，只有这样教师才能有足够的能力为学生提供优质的教学服务[㊀]。此外，教师在组织教学方式时应该兼顾专业普及和基础知识传授，以及专业前沿科技攻坚这两个方向，既要保证学生学得精，又要保证学生学得全，同时也要强调对专业知识抽象化和具体化的贯通。在传统教育中，学生接受的专业知识是较为抽象化的，难以将其具体运用到实践当中，很多学生在进行实践操作时不能将知识加以灵活运用，这会直接影响专业知识向成果的顺利转化。许多教师在承担教学任务的同时还会有自己的科研项目，学校应该确保教师科研自主与自由，使教学在向学生传递知识的同时向着有利于专业发展的方向进行改进。另外，在教学实践过程中，师生的互动应该具有创新性，教师应引导学生进行思考，改变传统的你问我答形式，引导学生独立思考，这样才能培养学生的创新能力。部分教师由于存在思维定势、认知定势、个人创新思维的局限，导致教学方式并不适合社会的发展，因此需要及时调整教学管理模式，改革教师的教学环节和教学方法，当面对学生提出的有建设性的提问或创新诉求时，应该运用自己的专业知识和能力引导学生进行思考，不能简单对其进行否定，应鼓励学生进行提问和思考，消除压制创新的做法，鼓励学生提出具有创造性思维和创新精神的问题。同时，学校在对教师进行考核时，也应该改变传统的评价标准。在晋升职称、评选先进等竞争性评选的过程中，传统方式多是以论文数量多少、论文发表档次、科研项目数量、科研项目规模等标准进行评价，这些评价标准具有明显的功利主义，而且十分短视，并没有考虑到长远的利益，因此应改进考核评价标准，革新专业教学方式，加大科研投入，形成创新的良性循环。

过去我国实行了长期的应试教育，之后随着教育的深入发展和社会经济的迅速发展，逐渐认识到了应试教育所带来的弊端，对此我国提出了素质教育，意图解决应试教育所带来的问题。但目前本科院校也面临着如何将素质教育和创新教育相统一的重

㊀ 张明军. 论当代大学生创新思维的培养［J］. 甘肃科技，2009，25（24）：170-171.

要难题，素质教育功能和理念的单一化会影响创新教育的发展和专业领域的创新。如今我国多数本科院校的学生依然是通过应试教育方式选拔上来的，这些学生经过多年的应试教育，已经培养出了惯性的学习思维，如何向创新观念进行转变是一个极为困难的问题。许多学校已经认识到了创新教育的重要性，因此设置了相关的方案并不断推进实行，但在此过程中不可避免会有一些不成熟的做法，这也会对创新教育造成消极影响。另外，创新教育与就业率和考研率之间的关系也需要正确面对，许多学生所受到的创新阻力很多时候是来自家长对于创新教育的误解，当专业上的新观念出现时，本科阶段的学生会认为这是更高学历领域的事情，与自己没有密切关系，如果社会领域的新观念出现，学生会将责任推给学校，而非自己。多数学生既没有足够的就业能力，也没有正确的就业观念，这必定会影响到未来的就业情况，学生、学校、家长多方之间存在着脱节的情况，这也使创新教育陷入了误区，最终导致了理论与实践并不相符的形式主义的出现。学生创新能力的提升和理论知识的夯实本身并不冲突，但如今社会将创新能力的培养归为素质教育，而将理论知识的学习归为应试教育，学生以往为了应对应试教育而养成的学习思维和学习方式也与素质教育和创新教育存在明显冲突，因此无法发展更全面的效能，观念上的排斥最终导致实践上的不作为，影响了创新能力培养。

三、对经济平稳健康发展和社会和谐稳定缺少危机意识

近些年毕业学生数量增加、经济发展速度变缓等因素加重了学生的就业压力，很多学生在走出校园步入社会之后，发现没有足够的经验可以应对自己在社会中遇到的相关问题，自己所学习到的专业知识也并不能帮助自己应对各种专业问题。本科院校教师及学生都应该认识到，在学校中取得的成绩进入社会后并不完全适用，一切只能够从零开始。在培养大学生创新能力时，应该对此方面进行深刻的认识，并探索出应对方案，当前多数本科院校仅仅满足于专业知识的传授，但对学生未来进入社会可能会遇到的问题和所承担的就业压力却没有给予足够的关注，许多大学生进入社会后没有正确的就业观念，也缺乏良好的心理素质和就业能力，因此只能以茫然的姿态面对社会所带来的冲击。这在某种程度上表明本科院校的教育是没有真正完成的，仅仅是完成了一部分而已，学校应该引导学生将生存压力转化为创新动力，在培养创新动力的同时，也应该加强学生心理素质、思想观念等各方面的引导。在进行教育的过程中应该让学生明白自己在进入社会之后需要面对的情况和境地，结合专业知识学习和创新教育来解决学生未来进入社会后可能遇到的难题，社会发展虽然为学生提供了许多的就业机会，但学生需要自己努力争取和把握，而这就需要学生有足够的竞争力。大学生进入社会后，不仅要面临来自社会的压力，同时还要与其他同伴和后继之人进行竞争，因此在培养学生创新能力的同时也要培养其正确的观念，让学生明白不能够逃避个人责任，也要培养学生的奋斗精神，要让学生具有足够的创新动力和发展动力，

要在创新能力培养的过程中将世界观认识贯穿于自我与国家和时代的统一认识，从而获得个人发展的不竭动力。

在学生创新教育过程中，学校应该进一步加强对具体创业的扶持，学生自身的心理特点会直接影响到创业行为，具有自主心理的学生会更倾向于做出创业行为，而具有从众心理的学生做出创业行为的概率更小。创新能力的扶持则影响着创业后组织生产活动的可持续的实现情况，相比起将思想落实于行动，创新观念的培养对大学生明显更为简单，要将创新观念转变为现实实践则具有极高的难度，单靠大学生自身远远不能够完成。因此，要想进一步培养学生的创新能力，除了坚持正确立场之外还要大力扶持并鼓励学生的创新实践，让学生在教育过程中体会精神的能动性，让学生体会从无到有、从精神到物质的转变，从而在观念上引导学生自主积极能动地认识能力的形成和发展。培养学生创新能力的过程，实际上就是解决个体偶然性认识和现实普遍性矛盾的过程，同时也是个体能力化获得与应用的过程，除了学生自身的努力之外，还需要有多方的支持与鼓励，这样才能引导学生进行正确发展。很多院校在创新教育过程中并没有关注学生创新观念的具体转化，当学生具有创新性的想法时，没有足够的能力将其物质化，也找不到相关部门将自己的创新进行说明，创新只在脑海中，落实不到行动上，这并不叫真正的创新，只有最终通过实物的形式展现出来，通过物质的方式存在，才能够真实地感受到创新能力的存在，学生也可以在此过程中获得鼓舞，即使最终结果失败，但宝贵的经验也可以激励学生继续前进，继续创新。

许多院校在对学生进行创新教育时并没有将创新能力与奉献精神进行结合，这导致许多学生对创新能力的认知存在一定偏差，许多学生认为社会对创新的要求较高，因此自己必须要有足够的能力才有资格去追求创新。在这种情况下，学生必定会存在畏难心理和不自信心理，这会直接影响到学生专业知识向具体成果的转化。许多学校忽视了引导学生对创新进行正确认知，学校应引导学生树立正确的对创新成果的经济效益和社会效益的辩证统一的认识。经济是国家发展的重要基础，我国也提出了许多的创新政策，同时也做出了引领性的宏观调控举措，这些都可以帮助学生规避个人创新风险，有利于实现产业化和规模化生产，因此学生需要理解创新的实质，在创新过程中学会争取更多的市场支持要素，从而获得更多的保障。另外，学校在提升学生创新能力的同时，也应该让学生正确认识创新活动的经营环节，许多学生认为创新成果的转化必定要有科技性和竞争性，满足社会市场需求，但除此之外，学校也应该让学生明白创新本身也是一种奉献，应该秉承着对社会的关爱进行创新，这样才能进一步保证学生所进行的创新活动是符合时代生产力发展方向的，是符合文化潮流发展方向的，也可以更大程度上保证创新成果除了最终实现市场价值和社会价值之外，其中所蕴含的奉献精神还能够产生巨大的社会积极影响，从而促进社会的发展。

第五章 自动化专业学生创新能力培养模式的构建路径

5

第一节 自动化专业学生创新能力培养的主要模式

一、“三元一体制”培养模式

本科院校自动化专业人才培养模式将“三元一体制”教育模式与自动化专业的办学特色相结合，以提升学生的实践能力为核心，在理论教学、实践教学、素质教育、就业指导等方面形成了一套系统的学生培养方案，从而实现学生理论与实践相结合，使学生成为社会需求的应用型人才。“三元一体制”是指以企业（行业）、学校（本科院校）、社会（政府）为三个主体，以企业（行业）实际需求为核心，以学校人才培养方案为指导，形成一个相对独立的学生培养体系。在此基础上构建了“三元一体制”学生培养模式，形成了独具特色的自动化专业人才培养方案。随着我国科学技术的不断发展，社会对于人才的要求越来越高，自动化专业学生的创新能力培养已经成为当前本科院校教学工作中的重要内容。在这一背景下，本科院校在进行自动化专业学生创新能力培养时，应当结合当前社会发展趋势，明确培养目标，提高教师队伍的建设水平，并且采用创新教育理念对学生进行教育和引导，从而构建出完善的自动化专业学生创新能力培养体系。结合国家和地方产业转型升级和行业技术发展趋势，针对自动化专业人才培养模式存在的问题，本科院校在结合多方利益的基础上提出“三元一体制”人才培养模式。“三元”指学生、企业和本科院校，“一体制”指学生培养的人才培养体制。通过“三元一体制”人才培养模式的实施，进一步优化自动化专业人才培养方案，以提高自动化专业学生的专业实践能力、工程应用能力、创新创业能力和社会适应能力为目标，提高自动化专业学生的就业竞争力，使他们能更好地满足企业对自动化专业人才的需求。实践证明，“三元一体制”人才培养模式具有很强的适用性和有效性，是一种先进、高效、经济的人才培养模式。

（一）构建人才培养体系

1）专业培养目标：以人才培养为中心，以提升学生的实践能力为核心，构建学生职业素质、职业技能和职业发展三位一体的人才培养体系。

2）专业人才培养方案：突出工程技术、职业技能和就业创业三个方面，设置了基础知识、专业基础、专业方向和职业技能四个层次，每个层次各设置三个模块，并分别规定了具体的学分要求。

3）课程体系：体现了以就业为导向、以能力为核心的理念，充分体现了自动化专业的办学特色。

4）实践教学：主要包括校内实验实训、校外实习和社会实践三大类。其中校内实验实训包括电工电子实验、控制工程基础实验、自动控制系统实训等；校外实习包括电气自动化安装调试实习、PLC 应用技术实习、工业机器人应用技术实习等；社会实践包括金工实习、认识实习和毕业设计（论文）等。所有的课程均安排了相应的实践教学环节。

1. 校内实验实训

自动化专业的校内实验实训包括电工电子实验、控制工程基础实验、自动控制系统实训等，其中电工电子实验包括模拟电路和数字电路；控制工程基础实验包括运动控制系统和自动控制系统，以及电力拖动系统；自动控制系统实训包括电气自动化装置、PLC 应用技术、工业机器人应用技术等。自动化专业的校内实验实训是学生巩固理论知识，提高实践能力，培养工程意识的重要教学环节。自动化专业校内实验实训在“三元一体制”的模式下，由学校与企业联合建立实验室和实习基地，既可以在校内完成一些基本的实践环节，又可以进行一些较深入的综合性和设计性实验。校内实验以培养学生工程实践能力为主线，以学生为主体，由学生自主设计、完成，教师负责辅导和考核。在这里学生可以充分发挥主观能动性和创新意识，培养团队合作精神。

2. 校外实习

自动化专业坚持“校企合作”，积极与行业、企业进行合作，行业、企业在人才培养中发挥了重要作用。校企双方根据实习单位的要求，制定了详细的实习计划，并由学生管理部门负责监控，确保了实习计划的顺利完成。通过校外实习使学生掌握了相关设备的结构特点、工作原理和控制流程，培养了学生发现问题、解决问题的能力，激发了学生学习的兴趣和热情。同时，还为学生提供了一个学习企业文化和管理方法的机会。在校外实习期间，学生在指导老师的带领下，可以进行相关岗位操作实习。通过这些实习环节，学生可以进一步了解相关企业的生产流程和企业文化。此外，校外实习也使学生进一步熟悉了生产实际情况，为毕业后进入企业工作奠定了基础。在校外实习过程中，学校与企业共同建立了校外实践教学基地。

3. 社会实践

在金工实习和认识实习的基础上，选择自动化专业特色突出、就业前景较好的企业，由相关企业安排学生在专业教师指导下，到这些企业进行毕业设计（论文）工作。例如，2019 年，某本科院校安排自动化专业学生到廊坊英博电气有限公司进行毕业设计（论文）工作；2020 年，学校安排自动化专业学生到廊坊科森电器有限公司进行毕业设计（论文）工作；2021 年，学校安排自动化专业学生到廊坊英博电气有限公司进行毕业设计（论文）工作，这些企业都是在行业内具有较高的知名度和影响力的企业，拥有稳定的就业岗位。此外，学校还根据学生的就业意愿和企业需求情况，与企业共同开发了岗位群。通过社会实践环节，学生可以将理论知识应用于实际问题中，锻炼动手能力和团队合作精神；同时也可以开阔视野、增加就业机会，为未来的职业生涯打下坚实基础。社会实践环节中学生可以自主选择参加的企业。社会实践环节的考核由专业教师负责。

（二）探索教学内容和课程体系改革

在教学内容改革方面，结合“三元一体制”人才培养模式，本科院校构建了“两大平台、四个模块”的教学内容和课程体系。两大平台即理论教学和实践教学。

四个模块即公共基础课、专业基础课程、专业核心课程、实践教学。公共基础课包括：高等数学、大学物理、工程数学、计算机文化基础等，专业基础课程包括：自动控制原理、电力电子技术及应用等，专业核心课程包括：现代控制理论、现代控制工程等，实践教学包括：PLC、单片机应用技术、智能控制系统设计及应用等。通过以上课程的学习，使学生具备从事自动化控制系统开发的基本理论知识和初步的工程设计能力。四个模块的教学内容相互衔接，在教学内容上注重理论联系实际，将相关的新知识和新技术融于各门课程之中，以保证学生获得必要的工程基础知识，使其具备从事自动化控制系统开发的能力。同时，将实践教学和课程设计纳入整个教学体系中，并不断优化实践教学环节，以提高实践教学效果。四个模块在培养目标上相互协调统一，以培养学生掌握从事工程设计所需的基础知识和基本技能，培养学生在工程设计中解决复杂问题和实际问题的能力。课程体系改革突出了自动化专业特色，对学生进行系统全面的培养。

1. 基础课程设置注重学科交叉，注重研究性学习

本科院校将自动控制原理、电力电子技术、自动检测技术和智能控制系统等几门专业基础课程放在一起，并通过研究性学习的方式，进行教学方法改革。在教学内容上将原有的工程应用知识和新知识结合，打破原有学科之间的界限，强调理论联系实际，从实际问题入手，培养学生分析问题、解决问题的能力。同时将学科前沿知识引入教学内容中，介绍最新研究成果、发展动态及发展方向。在教学方法上以学生为中心，采取讨论式、启发式和研究式教学方法，突出研究性学习和创新性实践。

为了充分体现本专业的特色，培养学生的创新意识和创新能力，对各专业基础课

程教学内容进行调整和改革。自动控制原理、电力电子技术等课程中涉及的新知识、新技术、新工艺在教学中都有所体现。如自动控制原理中涉及的 MATLAB 仿真技术在该课程中得到了较好的体现；电力电子技术中的 PWM 控制技术等内容在该课程中也有所涉及。通过理论与实际相结合的教学方法，使学生不仅获得了必要的理论知识，也培养了学生分析问题、解决问题的能力。

2. 专业课程设置以学生发展为中心，注重“因材施教”

本科院校按照“知识、能力、素质”三位一体的要求，在保证通识教育的前提下，优化调整专业课程结构[㊀]。其中，以自动化专业发展为中心，注重对学生综合能力的培养，专业课程设置以学生发展为中心，注重对学生创新能力的培养。在专业核心课程教学中，打破传统的教学模式和方法，实施以问题为基础、以任务为驱动、以项目为载体的启发式教学方法；在实践教学环节中，采取集中与分散相结合、课内与课外相结合的方式；在毕业设计环节中，对学生进行理论和实践相结合的综合训练。通过一系列课程设置和教学方法改革，使学生对本专业的发展方向、学科前沿发展趋势、产业发展状况有清晰、正确的认识，并且能够将所学到的理论知识和实践技能运用到实际工作中。通过对自动化专业学生进行“因材施教”培养，使他们在知识和能力两方面都得到全面提高。同时，注重对学生创新思维的培养，使他们能够根据实际情况灵活应用所学知识解决实际问题。通过开设多种形式的课外实践活动，提高学生综合素质。

（三）构建高水平师资队伍

本科院校依托专业建设团队，在专业建设中始终坚持高水平师资队伍是人才培养质量的重要保证，教师要具有扎实的理论基础和较强的实践能力。为了提高师资队伍水平，学校积极引进和培养高层次人才，从国内外引进具有博士学位或国外留学经历的专家，特别是从国内外知名企业引进具有丰富实践经验和较强研究能力的行业专家，使他们能够参与到专业建设和课程开发中来，进而提升了专业建设水平。同时，学校每年选派一批青年教师到企业进行锻炼学习，建立了一支稳定、结构合理、专兼结合的高水平师资队伍。学校还为教师创造外出学习进修和交流机会，使教师在教学水平和科研能力等方面都得到很大提高。经过多年努力，很多本科院校已拥有一支专兼结合、结构合理、高素质的师资队伍，为人才培养提供了有力的师资保证，有效地提高了学生的实践能力。

1. 专业教师

学校在教师引进和培养方面，采取了一系列措施，鼓励教师到企业锻炼。例如，聘请企业工程技术人员担任专业兼职教师，给他们提供科研平台、设备、技术及管理

㊀ 李焕然. 双创时代的电气自动化专业实践课程改革研究［J］. 哈尔滨职业技术学院学报，2023（3）：55-57.

等方面的支持，同时还鼓励他们参加“双师型”教师培训。在实践教学中，学校制定了相应的政策和措施，鼓励专业教师在生产一线开展教学和科研活动，把工作内容与所教学生的课程体系紧密结合起来，把实际工作经验应用于教学过程中，既能使学生学到更多的知识和技能，又能提高学生解决实际问题的能力。通过这种方式，专业教师在生产一线的实践经验丰富了，理论水平提高了。

学校还鼓励专业教师到国内外高校和企业进行学习进修和交流。学校每年选派一批青年教师到国内外高校进行学习进修和交流，并采取多种方式为他们创造外出学习进修和交流机会。学校还通过定期邀请国内外知名专家来校讲学等方式来提高师资队伍的水平。

2. 企业工程师

为了提高专业教学质量，某本科院校坚持走“产学研用”相结合的道路，先后与江苏德玛克（南京）传动股份有限公司、南京亚邦电气有限公司等多家企业建立了长期合作关系，聘请企业工程师作为学生专业实践教学的指导教师。这些工程师到学校进行实践教学指导，承担部分教学任务，在企业进行生产和研发，为学生提供实际的项目案例。企业工程师在现场可以为学生提供实践指导，提高了学生解决问题的能力，学生的专业技能与综合素质得到了显著提升。此外，学校还组织校内教师与企业工程师组成“双师型”师资队伍，定期到企业进行技术交流和项目合作。这种方式有利于提高教师的实践能力和教学水平。例如，在自动化专业2010年的师资队伍建设中，学校组织了多位教师到上海宝钢集团进行学习交流；邀请了上海宝冶集团公司总工程师等10多位专家来学校举办讲座，极大地丰富了教师的专业知识。

3. 校内教师

校内教师以学科带头人为核心，对所授课程进行深入研究，注重学科前沿动态，及时掌握学科发展动态，把最新的科研成果运用到教学中。同时，鼓励教师将自己的研究成果和经验融入课程教学中，积极参与教学改革项目研究。此外，校内教师还通过承担国家及省部级课题研究等途径，不断提升自己的科研水平。

校内教师每年都参与到国家和省部级科研项目中去，同时承担着大量的本科生教学任务。这些工作一方面能为本科人才培养提供强有力的支持；另一方面也使教师得到了很好的锻炼。在学校良好环境和条件的支持下，校内教师不断提高自己的教学水平和科研能力。随着“三元一体制”人才培养模式改革的不断深入，校内教师与企业人员共同开发了一批新课程、新教材和新项目。这些成果为进一步深化本科教育教学改革提供了有力保障。

（四）创新教学方法与手段

“三元一体制”培养模式是以培养应用型人才为目标，以实践能力培养为核心，充分发挥学校、企业、社会三方在人才培养中的优势，实现“三元”资源的优化整合和共享。充分利用学校学科优势，将企业的实践经验融入教学中，通过校企合作的方式，增加学生专业实习、毕业实习和毕业设计等实践环节。在理论教学中采用以教师为主导、学生为主体、课堂讲授为主、实验教学为辅的“一主多辅”式教学方法。根据学生的不同层次，进行分层次教学。对于高年级学生采用启发式教学；对于低年级学生采用讲授式教学。在实验课程中，教师通过实验设备进行理论知识的演示和仿真实验，学生则通过实验设备进行动手操作。

在理论和实践教学环节中，实施以项目为核心的“基于工作过程的项目化教学法”。教师在讲授基本理论知识后，通过项目引领，使学生参与到项目设计、实施、评价等工作过程中，并将学习到的理论知识与实际应用相结合。

以“基于工作过程”为中心进行教学内容重构，强调基于工作过程的实践教学。将传统理论和实践相分离的两个层面“割裂”为“一体化”的两个层面，突出在工作过程中进行学习和实践。在实践环节中安排一些开放性项目供学生自主设计、实施、评价，将实践能力培养贯穿于整个专业学习过程。通过改革实验教学方法、课程考核方式等措施，将“基于工作过程”的项目化教学法贯穿于整个专业人才培养方案中。在实验课程设计环节中注重工程实际问题解决能力和创新能力的培养；在课程考核方式中采用“过程考核+综合考核”相结合的方式；在实践环节中注重学生工程实践能力和创新能力的培养。通过改革实验课程体系，改变实验内容、方法和手段等措施来提高学生动手能力和解决问题能力；通过改革实验教学内容和手段来提高学生创新能力。

（五）创新考核评价制度

学生培养质量的优劣，主要体现在学生综合素质的高低上。学校应建立健全完善的学生考核评价制度，从过程性考核与结果性考核相结合，促进学生的全面发展。过程性考核主要体现在学生日常表现和课堂学习效果两个方面，通过平时表现、实验报告、设计作品、项目完成情况等对学生的学习情况进行综合评价；结果性考核主要是针对学生毕业设计、毕业论文等以实践能力为核心的综合能力进行评价，对学生学习效果进行评价。要建立以过程性考核为主，结果性考核为辅，突出能力培养和个性发展的新型评价制度，充分体现全面发展、注重能力培养和个性化发展的教育理念。

通过“三元一体制”人才培养模式的实施，学生在就业时能够更好地适应企业工作岗位，同时也有利于企业对毕业生进行人才储备。在毕业生就业方面，“三元一体制”人才培养模式能够较好地解决毕业生就业难问题，同时也为企业储备了大批的优秀人才。同时，“三元一体制”人才培养模式在培养学生创新创业能力和社会适应能力方面也取得了良好效果，为本科院校自动化专业建设和发展提供了重要的参考价值。

二、“1+2+1 以人为本”培养模式

近年来，我国自动化技术发展迅猛，自动化专业学生的就业前景非常好。随着国家“工业 4. 0”“中国制造 2025”等一系列战略的实施，对自动化专业学生提出了更高的要求。一方面，企业对自动化专业毕业生的需求不断扩大；另一方面，毕业生质量

和就业形势不容乐观。为此，本科院校在充分调研学生需求的基础上，针对自动化专业学生特点和教学实际情况，结合本科院校工科教育特色和自动化专业教学实际，探索出“1+2+1”模式的自动化专业学生“以人为本”培养模式，取得了一定的成效。这一模式为其他工科院校解决工程教育中的人才培养问题提供了借鉴。

（一）“1+2+1”模式的主要内容

“1+2+1”模式的第一个“1”是指自动化专业的核心课程，主要有电路与系统、传感器与检测技术、自动控制系统设计、工业机器人技术基础等㊀。这些课程具有一定的难度，也是学生学习的难点，是自动化专业学生学好专业课的基础。“2”是指专业方向课程，主要有工业机器人技术基础、计算机控制技术、自动控制原理、可编程控制器技术基础等。这两个方向的课程对学生要求高，因此要加大学生对这些课程的学习力度。“1+2+1”模式的第二个“1”是指实践教学环节，主要有工业机器人技术实践、传感器与检测技术实践、自动控制原理实践等。这几个实践性强的课程是培养学生创新能力的重要环节，也是学生就业后从事工作时必须具备的技能。

1. 学生能力培养模式

自动化专业在“1+2+1”模式中，把“以人为本”的思想贯穿始终，要求学生具有良好的心理素质，能吃苦耐劳，具有团队合作精神，能适应各种环境。同时，要求学生具备一定的创新能力。在教学中要让学生成为学习的主体，要尊重学生的想法和创意。教师在教学中要不断改进教学方法和手段，改变传统的教学模式，让学生成为学习的主体，培养学生自主学习的能力。在教学中注重培养学生分析问题、解决问题的能力。教师要深入企业和生产一线了解实际生产过程、设备、工艺流程等情况，然后根据实际生产需要确定课程内容；在教学中注重培养学生对知识的综合应用能力。教师在教学中要引导学生从整体上认识问题，并找到解决问题的方案；在教学中注重培养学生自我学习能力和独立思考能力。教师要引导学生发现问题、分析问题、解决问题。“1+2+1”模式注重培养学生对工程实践能力、创新能力和团队合作精神的培养。教师在教学中要注意将理论与实践相结合，突出理论知识在实践中的应用；培养学生认真负责、吃苦耐劳、团结合作精神；注重培养学生自主学习和创新能力。

2. 构建课程体系

构建以能力为本位的课程体系是实施“1+2+1”人才培养模式的核心。自动化专业在构建课程体系时，将每门课程都与专业方向相结合，同时又要兼顾学生的学习基础，从而构建出适应社会发展需要的、以能力为本位的自动化专业课程体系。自动化专业在构建课程体系时，首先将每门课程都与专业方向相结合，将每门课程所涉及的知识和技能都与专业方向相结合。例如，电路与系统这门课是自动化专业学生必修的

㊀ 李焕然．双创时代的电气自动化专业实践课程改革研究［J］．哈尔滨职业技术学院学报，2023（3）：55-57.

专业课，而工业机器人技术是自动化专业学生未来从事工业机器人行业必须具备的技能之一，因此在构建这门课时就把这门课与工业机器人技术结合在一起。其次是根据专业方向来构建课程体系，自动化专业一共有 8 个方向：自动控制原理、单片机技术、PLC 控制技术、单片机应用、运动控制技术、智能仪表等。为了保证每门课程都能与专业方向相结合，在构建课程体系时还要注重将每门课程的知识点与学生学习该门课程所需要的能力相结合。

3. 校企合作共建专业实训基地

学校要积极与企业合作，在企业建立实训基地，为学生提供更多的实践机会。学校要建立教学资源库，将相关的教材、电子教案、实验仪器等教学资源进行共享。同时，学校要加强实习基地建设，安排专业教师到企业进行指导，对实习基地的建设进行指导、监督和评估。另外，学校也可以为企业提供人才需求信息，及时了解企业的用工情况。这样做既可以使学生在校内就能掌握专业技能，又可以使学生毕业后就业更有竞争力。比如在工业机器人技术实践中，可以让学生参观西门子公司的生产车间，了解机器人的工作原理和生产过程；在传感器技术实践中，可以让学生参观 ABB 公司的工厂车间；在自动控制原理实践中，可以让学生参观西门子公司的工厂车间。通过校企合作共建实训基地，使学生能够直接接触到企业生产过程和工作环境，从而激发了学生学习兴趣和热情。此外，校企合作共建实训基地还能使教师更好地了解企业发展情况和要求。

4. 建立“1+2+1”工学结合培养模式的考核评价机制

“1+2+1”工学结合培养模式的考核评价机制是指综合考核，包括对学生学习效果的评价和对学生在实践中学习能力的评价。建立一套科学、合理、全面的评价体系，既能反映学生在整个学习过程中的综合能力，又能反映出学生在某一方面能力的发展状况，是对学生综合素质的全面评价。以毕业设计为例，可以建立以下考核评价机制：①采用多种形式进行考核，如论文答辩、现场操作、实验操作、设计方案等；②要有相应的评价标准，即毕业设计总目标和各阶段目标；③要有具体的考核办法和实施细则；④要有完善的评估体系和方法；⑤要有严格规范和科学合理的评分标准。“1+2+1”工学结合培养模式中毕业设计考核成绩占 50%、实践环节考核成绩占 30%、企业和学校共同考评占 20%。这样才能客观地反映学生在整个学习过程中所获得的能力和水平。

5. 建立双师型教师队伍

本科院校自动化专业的教师在教学过程中，注重学生的实际操作能力的培养。例如，在进行工业机器人技术基础教学时，教师都会带领学生到工厂进行参观，在参观过程中让学生学习相关理论知识。同时，在实践环节，要求学生亲自动手做实验，老师也会到实验室进行指导。这样可以使学生更好地掌握理论知识。学校在教师的培养上采取了一系列措施：①加强教师的继续教育培训。学校每年都组织教师到企业进行相关培训；②鼓励教师到企业实践。学校每年都会组织一些教师到企业进行相关的实践，让这些教师能够更好地了解行业发展状况，从而不断提高他们的专业水平和教学水平。学校鼓励教师到企业兼职，让他们通过兼职了解行业发展状况，从而更好地进行教学改革；③支持教师到行业协会和相关学会任职或参加培训；④加强“双师型”队伍建设。学校非常重视“双师型”队伍建设，学校每年为“双师型”队伍建设投入一定的资金，以更好地促进“双师素质”结构的教师队伍建设。

（二）“1+2+1 以人为本”培养模式的特色及优势

“1+2+1 以人为本”培养模式最大的特点是以“学生为本”，一切工作都为学生服务，一切工作都以培养学生的能力和素质为出发点。该模式是本科院校面向自动化专业学生实施的人才培养方案，是本科院校结合本校自动化专业的实际情况和人才培养目标制定的，也是本科院校“以学生为本”教育理念在自动化专业教学中的具体体现。该模式在具体实施过程中，主要有以下特点：充分调研自动化专业学生特点。根据调研结果，本科院校制定了“以人为本”的培养方案，确定了“以学生为本”的教育理念。这一理念具体体现在三个方面：一是重视学生自身素质和能力的培养；二是重视实践能力和创新能力的培养；三是注重个性发展和综合素质的培养。在课程体系设计、教学内容选取、教学方法改革、实践环节安排、管理方式改革等各个方面，都充分考虑到了学生实际情况。重视实践能力和创新能力培养。在课程体系中设置了大量实践课程，注重了理论与实践相结合，突出了“以学生为本”的教育理念；在教学方法改革方面，采用启发式、案例式、讨论式教学方法；在实践环节安排上，增加了大量的实验和实习环节，突出了“以学生为本”教育理念。

学生通过专业课程学习，掌握了自动化专业的基础理论、专业知识，同时掌握了一定的实验技能和综合运用知识的能力。该模式要求学生要具备一定的工程实践能力，不仅能完成基本课程实验，还能完成相应的科研训练，具有较强的工程实践能力。同时要求学生具有较强的组织管理和团队合作能力。在此模式下，自动化专业学生不仅掌握了系统分析、设计、调试和维护的基本知识与技能，还掌握了一定的科学研究方法、能主动参与科学研究和社会服务。同时培养了学生严谨求实、勤奋进取、团结协作、勇于创新的科学精神和社会责任感。通过专业课程学习，使学生具有从事控制领域工程技术工作所需的基本理论知识和实践技能，具有较强的工程实践能力，具有较高的分析问题和解决问题能力以及较强的自学能力和创新精神。自动化专业学生除了掌握本专业基本理论知识和实践技能外，还需掌握计算机科学与技术方面的知识，如计算机组成原理、汇编语言程序设计、软件工程等；同时应具备一定的数学知识，如数学建模方法以及电子技术基础等。在本科阶段学生应完成自动控制原理方面相关课程的学习及实验，并参加相关学科竞赛。因此该模式要求学生具有较强的数学基础知识，能够熟练使用计算机进行科学研究和社会服务。通过专业课程学习，培养了学生较强的工程实践能力和创新能力。同时要求学生具有一定的自学能力和创新精神，具备一定科学研究能力，这对提高自动化专业学生整体素质非常重要。因此该模式要求学生必须具有扎实的专业基础知识和较强的科学研究能力。

同时，在“1+2+1 以人为本”培养模式实施过程中，本科院校特别注重实践教学，强调实践能力和创新精神的培养，加强了实践教学环节。首先，开设了大量实验，包括专业基础课和专业课的实验。专业基础课的实验包括单片机实验、系统与网络实验、C 语言程序设计实验等；专业课的实验包括自动控制原理、数字信号处理、系统仿真等。其次，加强了实习环节。实习环节主要包括课程设计（毕业设计）和毕业实习（毕业设计）。课程设计是提高学生综合能力的重要途径，它将理论教学和实践教学有机地结合起来，使学生在实践中掌握专业知识和技能，并通过对工程问题的研究来培养创新能力。毕业实习是检验学生对专业知识掌握情况的重要手段，也是学生将所学专业知识转化为实际能力的关键环节。本科院校要求学生必须到企业完成一项主要内容为“三结合”的毕业实习任务，即：把理论与实践相结合、把学校与企业相结合、把学习与工作相结合。这样不仅可以培养学生理论联系实际的能力和严谨细致、脚踏实地的工作作风，同时也可以增强学生对所学专业知识的理解和认识。通过这些实践环节，学生不仅掌握了一定的专业知识和技能，同时也增强了他们将所学知识与实际应用相结合、解决实际问题的能力。

某学校自动化专业的“1+2+1”模式不仅体现在专业培养方案的制定上，而且在课程设置、教学内容、教学方法改革上也体现了“以学生为本”的思想。自动化专业课程体系中，学生完成了 1 门专业基础课程、2 门专业核心课程、1 门综合设计性实验，其中有 3 门课程获得校级精品课程。学生通过完成专业基础课程的学习，掌握了一定的理论知识，具备了一定的理论基础；通过 2 门专业核心课程的学习，掌握了基本操作技能；通过 1 门综合设计性实验的学习，初步具备了解决工程实际问题的能力。通过上述课程的学习，学生不仅能够掌握自动化领域相关的基础理论知识和基本技能，而且能运用所学知识分析和解决实际工程问题，具备了较强的工程实践能力。为了让学生能更好地适应企业工作环境，在学习过程中还专门设置了 1 年左右的“企业实践”环节，为学生提供了充分接触企业实际工作环境、了解企业工作流程和工作方式、了解企业工作环境对人的影响等机会，进一步增强了学生实践能力。

由于自动化专业的学生属于理工科学生，具有较强的逻辑思维能力，在学习和工作中，具有较强的独立性。针对这一特点，在人才培养过程中，本科院校将重点放在学生的个性发展和综合素质培养上，通过加强学生自主学习能力、实践能力和创新能力的培养，让学生在“知识、素质”上都得到全面发展。本科院校自动化专业学生“1+2+1 以人为本”培养模式的实施，充分体现了本科院校自动化专业“以学生为本”的教育理念，有利于提高学生的综合素质和能力；有利于培养具有良好科学素养和创新精神的高层次人才；有利于加快推进高等教育大众化进程和推进素质教育。如中部某学校实施该模式一年多来取得了明显成效：自动化专业整体教学质量得到了明显提高，毕业生就业率达到 100%，毕业生就业竞争力得到显著提高；在学生获得优秀奖学金、国家励志奖学金、校级“优秀毕业生”等各类奖励方面表现突出，在学科竞赛、科技竞赛和大学生创新创业大赛等方面取得了优异成绩。自动化专业在“1+2+1”模式的基础上，针对不同层次的学生提出了不同的培养要求，采取了不同的培养手段，取得了一定的成效：①针对低年级学生，“1+2+1”模式要求学生在学习基础课知识的基础上，重点掌握控制系统基本设计方法、PLC 编程语言等理论知识，掌握自动控制系统应用中最基本的操作技能；②针对高年级学生，“1+2+1”模式要求学生在学习基础课知识和掌握 PLC 编程语言的基础上，重点掌握工业过程控制、变频调速、单片机等控制技术和设备应用知识。目前，本科院校自动化专业学生培养效果良好。在自动化专业学生中开展“1+2+1”模式培养模式非常有必要。

三、“学教研践”培养模式

随着新一轮科技革命和产业变革的加速演进，自动化技术也面临着新一轮的变革。在这种背景下，本科院校自动化专业需要不断适应新技术变革，构建自动化专业人才培养体系。从自动化专业人才培养的实践出发，以学生为中心，以学科专业发展为依托，以课程体系建设为基础，以师资队伍建设为保障，构建“学教研践”一体化的自动化专业人才培养模式，打造高素质创新型人才培养高地。通过一系列教学改革和创新举措，不断提升学生的学习兴趣和学习能力，提高学生的实践能力和创新创业能力。本科院校自动化专业“学教研践”培养模式是以学生为中心，以学生的发展为主线，以学生的全面发展和个性化发展为导向，围绕专业建设、课程建设、教学改革、教师发展和管理制度等方面，将理论学习与工程实践相结合，在教学过程中推进科学研究、工程实践与人才培养深度融合的培养模式。它强调将科学研究和工程实践结合起来，把教师的教学科研成果应用到实际问题解决中，在学习中研究，在研究中学习，在学习中创新，通过科学研究与工程实践的有机结合来提升学生的创新能力、工程能力和综合素质。基于“学教研践”培养模式，可以增强学生对专业知识的理解与应用能力、专业技能的操作与应用能力以及自主学习与创新能力。

“学教研践”培养模式是以“学生学习”为中心，以“教师教学”为核心，以“课程设计”为载体，以“科研实践”为保障，是一种体现学生主动学习、主动参与和主动实践的新型教学模式。在该培养模式下，教师不再是传授知识的主体，而是教学活动的组织者、引导者和合作者，学生也不再是被动地接受知识，而是积极地参与到课堂教学中。在自动化专业的教学过程中，学生可以根据自己的兴趣和爱好选择不同的学习内容，教师可以根据不同学生的特点来设计不同的教学方案。通过“学教研践”培养模式培养出来的学生可以自主学习、积极探索新知识、大胆创新、勇于实践、敢于竞争。该培养模式具体体现在以下几个方面：

（一）培养目标

自动化专业是一个跨学科、多专业、多层次的专业，学生应该具备较强的动手能力、解决问题能力以及创新精神。在“学教研践”培养模式下，自动化专业的学生应该具有较强的实践能力和创新能力，具有较高的科学素养和人文素质，具备较高的综合素质。在“学教研践”培养模式下，自动化专业的学生应该具备以下几方面的能力：①具备扎实的基础理论和系统的专业知识。掌握本专业所必需的基本理论和基本知识，了解本专业领域发展的最新动态，具有一定的科学研究能力、科技开发与应用能力以及组织管理能力；②能够将所学知识进行合理运用，具备较强的解决问题能力和创新意识；③具有较强的自主学习能力和独立思考能力。在“学教研践”培养模式下，学生应该具备自主学习能力和独立思考能力，具有强烈的自我发展意识；④具有良好的团队合作精神以及沟通能力。在“学教研践”培养模式下，学生应该具有较强的团队合作精神以及沟通能力，能够与其他同学进行良好沟通合作；⑤具备良好的职业道德和职业素养。在“学教研践”培养模式下，学生应该具备良好的职业道德和职业素养，具有较强的社会责任感和历史使命感；⑥掌握一定的信息技术知识与应用能力。

1. 以学生为中心，培养学生的专业素质

“学教研践”培养模式是以学生为中心的培养模式，这种模式具有以下几个特点：一是注重学生的专业知识和理论教学，帮助学生打牢专业基础，培养学生的专业能力；二是注重学生的创新能力和实践能力培养，帮助学生在学习中找到自己的发展方向和定位；三是注重学生的沟通协调能力和团队合作精神培养，让学生在学习、实践、研究的过程中充分发挥自己的优势，锻炼自己的能力；四是注重培养学生的综合素质和职业道德，帮助他们树立正确的人生观、价值观、世界观。

自动化专业“学教研践”培养模式在教学过程中坚持以学生为中心，通过设置不同层次的实践课程和项目任务，激发了学生自主学习、独立思考和探索研究的兴趣。在项目实践中锻炼了他们独立思考、团队合作精神以及沟通能力，并在科研项目研究过程中提高了他们独立分析问题和解决问题的能力。

2. 注重过程，培养学生的实践能力

学生的实践能力是指学生在学习中和工作中所表现出来的实际操作技能。它包括动手能力、独立思考能力、协作能力和创新能力。目前，大多数本科院校在实践教学方面还存在很多不足之处，比如，只重视实验，忽视实践教学过程中的各种细节；只重视实验教学结果，忽视实验过程；只重视课程设计，忽视毕业设计。“学教研践”培养模式突出了学生在实践环节中的主体地位，以学生为主体、教师为主导、任务为主线、问题为导向设计教学方法，以培养学生的实践能力。在课程设计中，以“项目驱动”的形式进行学习和研究。在教师的指导下，学生自主选题进行项目研究。通过研究项目可以培养学生的创新意识和创新能力。

自动化专业具有很强的实践性特点，将实践环节融入课程设计中是“学教研践”培养模式的重要组成部分。

3. 结合热点，培养学生的创新精神

要培养出具有创新精神的人才，必须要对当今社会的热点问题进行深入研究，对一些问题进行深入探讨。在学习过程中，结合一些社会热点问题，能够让学生主动参与到学习中来，在讨论的过程中培养自己的创新精神。比如，对于“人工智能”这个热点问题，可以让学生就该话题发表自己的看法，然后引导学生进行讨论和研究。对于“互联网+”这个热点问题，可以让学生参与到讨论中来，鼓励他们进行创新。在学生的创新过程中，不仅能激发学生的学习兴趣，还能够培养学生的创新能力。总之，只有结合社会热点问题进行深入探讨，才能培养出具有创新精神的人才，为我国发展做出贡献。

4. 面向市场，培养学生的竞争意识

“学教研践”培养模式为自动化专业的学生提供了一个比较开放的学习环境，通过开展多层次、多形式的实践教学，培养学生的创新精神和实践能力。具体体现在：①通过学生参与学科竞赛，提高学生的实践动手能力。目前，本科院校自动化专业的学生都积极参加全国大学生数学建模竞赛、全国大学生电子设计竞赛等，取得了较好成绩；②开展科技讲座和科技活动，拓宽学生的知识面。通过举办讲座等形式，使学生了解本专业领域发展的最新动态，了解国内外相关学科领域发展的最新动态；③开设校内实践课程。自动化专业作为一个实践性很强的专业，培养出具有一定创新能力和实践能力的人才是本专业培养目标之一。为实现这一目标，本科院校将建立以校内实验教学为基础、以校外实习实训基地为依托、以实际应用课题为载体的实践教学体系，通过教学改革和课程建设，形成“学教研践”培养模式；④加强实践基地建设。本科院校自动化专业依托校外实习实训基地开展学生实习和社会实践活动，建立了完善的实践教学体系，进一步增强了学生的就业竞争力和可持续发展能力。

（二）教学模式

为了加强学生的理论联系实际，将科研与教学紧密结合，提升学生的创新能力，本科院校在教学中引入“学教研践”的培养模式，具体体现在以下几个方面：

1）课程设计与科研实践相结合。例如，“C 语言程序设计”课程，某本科院校将学生分为两个小组，每组各有一个课题。其中一个课题是为“C 语言程序设计”编写一个实践环节的教学案例，另外一个课题是为“C 语言程序设计”编写一个学习过程的教学案例。通过两个课题的实践过程，学生可以对自己所学的知识进行检验和巩固。例如，编写案例时学生要掌握 C 语言程序设计中函数、模块和变量的定义方式；学习过程中要掌握 C 语言程序设计中循环语句和条件语句的使用。

2）课堂教学是教学活动的基础和主要环节。在课堂教学中，教师可以结合理论教学内容提出一些与理论相关的实际问题，让学生通过自己查阅资料和查阅文献来解决问题。同时可以设置一些思考题，让学生在思考之后回答。学生通过思考可以加深对理论知识的理解和掌握。

3）在实验教学中，学生要先预习实验内容，然后进行实验操作和实验报告的撰写。对于一些比较简单的实验可以由学生自行完成；对于一些有难度的实验，学生要独立完成并进行讨论；对于一些比较复杂的实验，学生要通过查阅文献资料来解决。在科研实践方面，学生要做好文献调研工作，并且写出具有一定质量的论文。

4）网络课程与课堂教学相结合。目前大多数本科院校都开通了网络课程和精品课程，通过网络课程可以提高学生学习专业知识的兴趣；通过精品课程可以提高学生学习专业知识的积极性；通过网络课程和精品课程可以提高学生解决实际问题的能力。

5）毕业设计是大学四年学习成果的综合体现，也是对大学四年学习成果进行检验和巩固的重要环节。因此在毕业设计过程中学校要尽可能地激发学生学习专业知识的兴趣和提高解决实际问题的能力，培养他们独立思考、自主创新、勇于实践和敢于竞争的精神。

（三）课程体系

“学教研践”培养模式要求学生不仅要具备扎实的理论知识，还要掌握科学研究的方法和技能，具有较强的专业知识应用能力、创新能力和工程实践能力。因此，在课程体系中设置了包括自动化专业主干课程和专业方向课程在内的多门核心课程，同时还设置了包括电子技术、电工技术、计算机应用技术和 PLC 应用技术在内的多门专业方向课程。这些课程通过精心设计，将其与自动化专业所涉及的各个方面结合起来，使学生掌握相应的知识和技能。另外，为了提高学生自主学习的兴趣，让学生在学习专业知识时能够有所思、有所悟、有所得，还设置了若干选修课供学生进行自主选择。为了促进教师教学水平的提高，还设置了大量的实验课和课程设计课。在实验课和课程设计课中，教师通过对课堂上所学内容进行归纳总结和拓展延伸，引导学生将所学内容融会贯通到实验中去；同时在实验课和课程设计课中设置了大量的综合训练项目，通过这些综合训练项目来提高学生运用理论知识分析问题、解决问题、交流合作以及自我管理等方面的能力。

1. 核心课程

自动化专业的核心课程主要包括电工与电子技术、自动控制原理、计算机控制技术、电气设计基础和工业电气自动化。在“学教研践”培养模式中，针对学生未来的工作岗位，对这些核心课程进行了优化和整合，并对教学内容进行了更新。为了使学生能够较快地适应岗位要求，在自动化专业中设置了多门专业方向课程。为了使学生掌握本专业的核心内容，在核心课程中设置了多门专业方向课程。在专业方向课程中，根据学生今后的工作岗位的需求和变化，设置了多个专业方向，如电力系统及其自动化、控制工程、工业过程控制、智能电网及信息技术等。同时，为了使学生能够适应未来的工作岗位变化和发展，还设置了若干选修课程供学生自主选择。此外，为了提高学生的自主学习兴趣和学习能力，还将计算机应用技术、电工技术和 PLC 应用技术等作为核心课程来讲授。这些课程与自动化专业相关领域的发展密切相关，而且这些课程在国内外都有一定的知名度和影响力。

2. 专业方向课程

专业方向课程是指结合了本专业方向特点，突出专业方向的特色而设置的课程。这些课程不仅体现了本专业的学科特点，而且具有明确的行业和企业特色。如计算机应用技术是基于计算机软硬件技术，在工控领域从事现场设备的监控、维护、管理等工作；而电工技术则是基于电子技术和电力电子技术，在电力领域从事电气设备的监控、管理等工作。这些专业方向课程通过与行业特色结合，强调了学生的工程实践能力，为学生今后从事工程实践工作奠定了坚实基础。“学教研践”培养模式中还设置了多门专业方向课程，如电工技术、计算机应用技术、现代控制理论与应用等。这些课程注重了本专业的特点，同时又与行业特色相结合，充分体现了本专业在本行业中的优势和特色。在专业方向课程的教学过程中，教师不仅要传授给学生理论知识和操作技能，还要注重培养学生分析问题、解决问题和自我学习等方面的能力。通过这些专业方向课程的教学，使学生能够将所学知识灵活地应用到生产实践中去。

3. 选修课

选修课是学生进行自主选择的课程，它是学生根据自己的兴趣爱好和发展方向而选择的课程，它对提高学生的综合素质和自主学习能力具有重要作用。目前，本科院校自动化专业开设了软件开发基础、硬件电路设计基础、单片机原理及应用、嵌入式系统、人工智能、嵌入式系统设计与实践等多门专业选修课程。学生根据自己的兴趣爱好和发展方向选择相应的选修课，这样可以发挥学生的学习主动性，激发他们学习专业知识的兴趣，从而提高学生对专业知识的掌握程度。此外，学校还通过开展相关的系列讲座活动，如自动化技术发展前沿报告、人工智能专题报告等，为学生了解学科发展动态提供了良好平台。在选修课教学中，教师鼓励学生根据自己感兴趣的课程内容和自己所学的专业知识选择相应的课程，这样既可以提高学生学习的主动性，也可以提高教师的教学水平。同时还可以通过对课堂所学内容进行拓展延伸来帮助学生更好地掌握所学知识。

（四）教学方法

“学教研践”培养模式的教学方法主要体现在课堂教学的方法上。这种方法的关键是改变教师只注重讲、学生只是被动听的传统模式，将学生当成学习的主体，让学生自主地学习，实现主动参与。该教学模式以项目驱动、项目实训为载体，让学生通过课前准备、小组讨论、实验操作等环节，在教师的指导下进行科研训练。该模式中以任务为驱动，改变传统教学中以教师为主导、学生为主体的单一模式；以项目实训为载体，改变传统教学中以课堂知识传授为重点的单一模式；以科研训练为手段，改变传统教学中以教师为主体、学生为客体的单一模式。该模式还能提高学生的学习积极性和主动性，增强学生的团队意识和竞争意识。在“学教研践”培养模式下，教师不再是传授知识的主体，而是教学活动的组织者、引导者和合作者。学生不再是被动地接受知识，而是积极地参与到课堂教学中。在这种培养模式下，学生不但可以根据自己的兴趣选择不同的课程来学习，而且在学习过程中还能够自主地探索新知识、大胆创新、勇于实践、敢于竞争。

（五）实践教学体系

实践教学体系是自动化专业人才培养模式的重要组成部分，也是学生科研能力提高的重要保障。学生在本科学习期间要进行大量的实验实践，毕业设计是学生毕业之前的最后一个教学环节，也是检验学生对所学知识掌握情况的重要手段[㊀]。在“学教研践”培养模式下，学生将完成三个阶段的实践教学：首先是课程设计，可以使学生对课程进行初步理解，培养其对知识的兴趣；其次是科研训练，可以让学生亲身参与科研实践，体验科研过程，培养其动手能力和创新能力；最后是毕业设计，可以使学生把所学知识综合应用于实践中，锻炼其工程意识、创新意识和团队精神。通过这种“学教研践”的培养模式培养出来的自动化专业人才可以解决实际问题，满足社会需求。同时，这种“学教研践”的培养模式也有利于提高教师的教学水平和科研能力，进而提高整个学校的教学和科研水平。

第二节　自动化专业学生创新能力培养模式的保障措施

一、转变教育思想观念，树立新的创新能力培养观念

随着信息技术的迅猛发展和经济全球化进程的加快，在知识经济时代，创新已成为推动人类社会发展和进步的重要因素。为适应这一趋势，培养具有创新意识、创新能力和创新精神的高级专门人才，我国本科院校必须从应试教育思想观念中解脱出来，树立新的教育思想观念。教育思想观念转变了，教师在教学活动中就会自觉地根据时代对人才提出的要求来更新教育理念，从而使教学内容与教学方法适应新技术、新知识发展的需要。以学生为本，给学生以充分的发展空间是当前教育教学改革的一个重要方向。以学生为本是指学生是教育活动中的主体，教师是平等主体。这种思想观念的转变要求教师转变传统教育观念，从“师道尊严”的思想束缚中解放出来，以新的理念和方法去关注学生、尊重学生、服务学生。在课堂教学中，要注意采用启发式、讨论式、探究式等教学方法和手段。把教学过程看成师生之间平等对话、互相交流、共同发展的过程。在实验教学中，要改变以教师为中心和以课本为中心的做法，切实提高实验教学质量。

㊀ 任彦，张晓利，王义敏．自动化专业学生创新实践能力培养模式研究［J］．中国现代教育装备，2019（11）：118-120.

（一）重视实验教学，改革传统实验教学模式

自动化专业是一个实践性很强的专业，实验教学在培养学生的工程意识、创新能力和创新精神等方面起着不可替代的作用。通过实验教学，学生可以熟悉科学研究的过程和方法，掌握科学研究的一般过程和程序，掌握科学研究的一般规律，形成正确的世界观、人生观和价值观；通过实验教学，可以培养学生勇于实践、敢于探索、勇于创新的精神和作风。传统实验教学模式主要是教师教、学生看，学生只是被动地接受教师的讲解，很少有机会动手操作，这样难以培养出学生的实践能力和创新能力。为此，本科院校要改变传统实验教学模式，将“以教师为中心”转变为“以学生为中心”，构建新的实验教学体系。从实验项目设置到实验设备配置等都要体现“以学生为本”的理念，调动学生自主学习和探究学习的积极性。对那些经典和常用的、成熟的实验项目进行整合；在保证基本实验项目不减少或不削弱的情况下，对一些复杂、综合性较强或者传统仪器难以实现的实验项目进行改造。比如，将原来实验室有 3 台仪表（A、B、C）改为 2 台仪表（A、B）；将原来实验室的开环控制回路改为闭环控制回路。

（二）重视实验教学，加强科研训练和社会实践

自动化专业是一个以实验教学为基础的专业，实验教学是学生获取知识，发展能力，提高素质的重要环节，对培养学生创新能力起着十分重要的作用。加强实验教学工作，特别是加大对学生综合设计性实验的训练和指导力度，能有效地提高学生的动手能力和综合运用知识的能力。因此，在实验教学中要以培养学生实践能力和创新精神为重点，注重对学生综合能力的培养。例如，江苏某本科院校自动化专业已有多项研究课题，其中有两项国家自然科学基金项目，一项江苏省科技攻关项目，一项江苏省教育厅重点攻关项目。这些研究课题涉及自动控制、计算机控制、电气技术等方面。在这些研究课题中，教师引导学生分析问题、解决问题、观察和分析现象，对提高学生综合能力是非常有效的。同时，在科研训练中让学生参加毕业论文的开题、选题、撰写论文、答辩等过程也能较好地锻炼其科研能力。

（三）重视科学素质的培养，坚持理论与实践相结合

随着信息技术的发展，大学教育已进入以计算机科学为代表的现代教育阶段，在这个阶段中，对学生科学素质的培养显得尤为重要。在信息技术日新月异的今天，高等教育教学内容必须反映科技发展的最新成果，以便更好地培养学生的创新能力。培养学生的科学素质是高等教育的根本任务之一，也是提高创新能力的基础。大学教育的主要目标在于培养具有科学精神和较高科学素质的高级专门人才，因此在大学教学中必须加强学生科学素质的培养。教师要充分认识到科学素质是创新能力培养的核心和灵魂，而创新能力则是在掌握知识和应用知识的过程中逐步形成并发展起来的。因此，在教学中必须坚持理论与实践相结合，加强对学生进行科学素质教育，让学生积极参与科研活动、课外科技活动、科技竞赛等活动，从中去发现问题、分析问题、解

决问题和提高创新能力。

二、基于自动化专业实际，构建适应的课程体系

本科院校自动化专业现有三个方向：过程控制、楼宇自动化、智能检测与测控，并按不同方向开设了三个主干课程群，即过程控制技术、楼宇自动化技术和智能检测与测控技术。其中，过程控制技术包括工业过程控制系统设计与应用、电子测量与仪表、电气自动化等三门课程；楼宇自动化技术包括楼宇自动化系统设计与应用、楼宇智能化工程等两门课程；智能检测与测控技术包括智能仪器仪表、智能传感器与网络、过程检测与监控等三门课程。此外，本科院校自动化专业还开设了若干专业方向基础课，如数据结构、操作系统原理、计算机组成原理和接口技术等，以提高学生的综合素质和创新能力。为了使学生更好地了解工程实践中所遇到的问题，学习如何用所学的理论知识去分析和解决工程实际问题，本科院校在课程体系上进行了改革，在课程体系上构建了“3+1”课程体系，即基础课、专业课和实践课。基础课包括微积分、线性代数、概率论与数理统计和大学英语等；专业课包括控制理论基础、计算机组成原理与系统结构、电子技术基础等；实践课包括认识实习、生产实习和毕业实习等。课程体系的构建是以实践为导向，以提高学生的实践能力为目的，以能力培养为核心，通过不同形式的实验教学环节强化学生对所学知识的理解和掌握。同时，将课程体系中的实验内容进行重组，优化实验课程结构；将“虚拟仿真”实验融入实践教学中，将“嵌入式系统”作为实践教学环节的重点；将专业技术基础综合实验与专业技术综合实训相结合；将毕业设计环节与毕业实习有机地结合起来。同时，为了使学生在学习过程中获得更多的知识和能力，本科院校根据课程体系和人才培养目标制订了“3+1”课程计划。“3”指课程群中的公共基础课程群、专业基础课程群和专业技术基础课程群；“1”指课程群中的课程设计与实践课程群。通过这两个层次的学习，使学生对控制理论与控制工程、过程控制技术、智能检测与测控技术有一个全面系统的认识。为学生在毕业后能尽快地适应工作岗位打下坚实的基础，并能使他们掌握更多的知识和能力。

三、采用创新教学方法，运用创新教学手段

学校通过不断改革，逐步形成了“以学生为主体，教师为主导”的教学理念，并将其贯穿于教学的全过程。在教学方法上，不断地创新教学手段，努力将“以教师为中心”向“以学生为中心”转变[⊖]。在课程体系的设置上，为了增加课程内容的系统性、趣味性和实用性，根据实际情况和需求，设置了模块化的课程体系，形成了以

⊖ 陈岚萍，马正华，段锁林. 自动化专业学生核心能力的培养与研究［J］. 中国电力教育，2011（35）：89-90.

"模块—综合—创新"为主线的新体系。在教学方法上，通过采用启发式、讨论式、参与式等教学方法，调动学生自主学习的积极性。通过项目驱动式、问题导向式和案例教学法等多种教学手段，培养学生的自主学习能力。在实验室建设上，注重实验室资源的开放与共享。笔者所在学校（北华航天工业学院）自动化专业所辖实验室拥有价值1000多万元的各种仪器设备，均具有很好的开发和利用价值。实验室除提供基本实验设备外还为学生提供了自主学习、自主研究、创新实践、交流合作等平台和条件。

（一）合理设置课程体系

本科院校自动化专业课程体系改革主要包括以下几个方面：①调整课程设置，形成合理的知识结构。自动化专业课程体系是一个系统性、综合性的课程体系，不仅要包含系统的基础理论知识，而且还要包含将理论知识转化为工程实践应用能力的教学内容。本科院校按照"突出自动化专业特色"的规则，在保持原有自动化专业主干课程体系的基础上，调整了部分课程内容，构建了"基础、专业、应用"三个层次的课程结构；②优化教学内容，突出学生能力培养。本科院校把部分自动化专业主干课程进行了优化整合。自动化专业核心课程主要是机械基础、计算机基础、单片机原理与应用、嵌入式系统设计与实现和控制系统综合设计。在核心课程的基础上，将机电控制工程中较先进的技术引入到自动化专业课程中来，使其成为自动化专业学生必须掌握的核心知识和技能；③调整教学方法，强化学生创新能力培养。本科院校对原有的"理论—实验—实践"三段式教学模式进行了改革和创新。在教学方法上，将传统课堂教学与实践教学相结合，使学生在学习理论知识的同时，也能进行实践操作。在教学内容上，改变传统理论与实践教学内容不匹配的状况，将实践课程与理论课程有机结合起来。在培养学生创新能力方面，注重将学生从被动接受知识转变为主动探索知识、从被动接受知识转变为主动学习知识、从简单模仿转变为自主创新。

（二）采用模块化教学方法

模块化教学方法是根据系统的功能划分成若干模块，并以项目为导向，以学生为中心，以能力培养为主线，以课程整合为主要途径，在理论教学过程中贯穿实践环节的一种新型教学方法。模块化教学方法是对传统的教学模式进行改革和创新的产物。通过模块化教学方法，将原来零散的课程体系重新整合为基础平台课、专业方向课、实验课、综合实训4个模块，将每一个模块都形成一个相对独立的课程体系。各模块之间既相对独立又相互联系，共同构成一个完整的教学体系。通过模块化的学习方式，可充分发挥学生学习的主动性和积极性，使学生对课程知识体系有一个完整的认识。在基础平台课中，根据专业需要将相关理论知识有机地结合起来。通过应用实例和仿真实验使学生加深对理论知识的理解；通过综合实训使学生将所学知识综合运用于实践中；通过专业方向课和实验课程使学生加强对某一领域的认识和了解。在专业基础平台课中，从不同角度和不同层次培养学生的实际应用能力和创新精神；通过综合实训使学生将理论知识与实际应用相结合，提高其就业竞争能力。

（三）采用启发式、讨论式、参与式教学手段

启发式教学强调学生的学习过程，以学生为主体，在课堂上给学生一定的思考和讨论时间，鼓励学生发表不同的观点，这样就可以激发学生的思维。如在“自动控制原理”课程中，将教学内容分为两大部分：一是系统分析和设计，二是系统仿真和调试。系统分析中，采用启发式教学方法。先让学生仔细阅读教材，提出问题：介绍自动控制原理课程中几个基本概念；解释本课程的主要研究内容和基本原理；针对这些基本概念、原理和原理进行分析讨论；根据实际问题提出解决方案。在此基础上，引导学生分组进行讨论。先让学生阅读教材，并对一些理论问题提出不同的看法或解决方案。然后让他们分组对提出的问题进行分析讨论，最后再让他们结合自己的学习体会，提出更深层次的问题并进行研究。

在课堂上采用讨论式教学方法，可以让学生对知识有更深刻的认识和理解。讨论式教学方法适用于课堂内容相对复杂的课程中，如“自动控制原理”等课程中的某些章节。通过对一个或几个基本概念、原理进行讨论和分析，可以帮助学生建立起较清晰的知识结构和完整的知识体系。在课程的授课过程中，将教学过程分为三个部分：第一部分是引言；第二部分是介绍某个知识点；第三部分是应用实例。在整个授课过程中教师始终作为引导者、组织者、合作者出现。在课堂上以学生为主体，通过教师与学生、学生与学生之间进行充分交流、讨论，从而达到对知识理解和掌握的目的。

（四）运用案例教学法，提高学生分析问题和解决问题的能力

案例教学法是在教学中为学生提供一些真实的案例，让学生通过对案例的分析和讨论，来帮助学生提高分析问题和解决问题的能力。其特点是，以学生为主体，教师为主导；以实际问题为中心；以讨论与分析为主，记忆与理解为辅。在信息时代，案例教学已成为教师、学生、信息技术工作者和其他学习者之间共同学习、相互交流和共同进步的平台，它可充分发挥教师的主导作用与学生的主体作用，在较短的时间内使学生掌握比较全面的知识和技能。案例教学法有利于培养学生的创新精神、实践能力和综合能力。案例教学法是在课堂教学中以具体案例为教学背景，引导学生在教师指导下对特定问题进行分析，从而达到掌握理论知识和提高分析解决问题能力的一种教学方法。例如，在讲授“自动控制原理”课程中，可以将教材中的经典案例结合当前生产实际中存在的问题，如将汽车空调压缩机、洗衣机电机等产品引入课堂。

（五）利用多媒体技术，提高课堂教学效果

在教学中，教师通过利用多媒体技术，将抽象的理论变得直观、生动和有趣，有利于激发学生的学习兴趣，提高课堂教学效果。例如在自动化专业课程“过程控制系统”的教学中，教师在教学中采用多媒体技术制作了大量的动画、视频等素材，并将这些素材应用于课堂教学中。通过动画、视频等多媒体技术展示过程控制系统的基本

原理、典型结构和控制策略，使学生能够更好地理解和掌握过程控制系统的工作原理，同时也充分发挥了教师的主导作用，极大地调动了学生学习的积极性[㊀]。在多媒体教学方面，制作课件、幻灯片、动画、视频等素材。同时，为了增强课堂教学效果，还开发了网络课件和手机 App 软件。网络课件主要用于课堂演示、作业布置、辅导答疑和考试等。在实验教学方面，积极应用新技术手段开展实验教学改革。充分利用实验室现有资源，结合理论课程内容，通过开放实验平台和自主设计实验等形式开展实践教学活动。通过采用任务驱动法、项目驱动法等多种教学方法，结合启发式、讨论式等多种教学手段，在理论课程教学中加强工程训练与实践环节，在实验课程设计中强调项目驱动法和问题导向法，在实践课程中增加了综合设计性实验及生产实习环节。通过积极探索和实践，构建了“一体两翼”的实践课程体系：以教师为主导的实践环节课程体系和以学生为主体的实践环节课程体系。经过多年的探索和实践，该体系已经成为本科院校培养学生创新能力的有效途径之一。

（六）运用多样化的评价方法，鼓励学生参加各种创新活动

创新能力培养模式的实施需要不断地激励和引导学生积极参加各种创新活动。本科院校充分发挥教师的指导作用，鼓励学生参加各类学科竞赛。在“挑战杯”系列竞赛中，积极开展科技创新活动，在竞赛中发现学生的特长，培养学生的创新能力。积极引导学生参加大学生科技创新项目，鼓励学生参加大学生课外学术科技作品竞赛、大学生科技创新大赛、数学建模大赛等各种形式的学科竞赛，鼓励学生参加各级各类科技活动。同时，在成绩评定上充分体现“以过程性评价为主，结果性评价为辅”的原则，对竞赛成绩突出者给予鼓励和表彰。

（七）重视实践教学环节，积极开展课外科技活动

自动化专业学生的创新能力培养要从平时抓起，通过课堂教学和课外科技活动，培养学生的创新思维和创新能力。某些院校具体的做法有：①成立大学生科技协会，组建“自动化”兴趣小组、“机电一体化”兴趣小组、“电子技术”兴趣小组等多个课外科技活动小组。该社团除开展与专业相关的活动外，还开展与个人爱好相关的课外科技活动；②鼓励学生积极参加大学生创新项目的申报工作。指导学生参加各种科技竞赛，如“挑战杯”全国大学生课外学术科技作品竞赛、全国大学生电子设计竞赛、全国大学生英语竞赛等，鼓励学生参加各类创新比赛；③鼓励学生参加各类机器人竞赛，培养学生的创新精神和创新能力；④建立“大学生科技创新创业中心”，并积极争取校内外资金，支持学生的创新创业活动。例如，北京某理工大学与北京海泰克电子技术有限公司、北京易通天下教育科技有限公司等合作，成立了“北京市智能汽车控制系统重点实验室”和“北京市智能机器人工程中心”两个专业实验室。为

㊀ 周鸽．互联网时代大学生创新创业能力提升阻碍及策略研究［J］．湖北开放职业学院学报，2023，36（21）：18-20.

促进学校与企业的合作，学校建立了“校企合作基地”，为学生实践训练和企业实习提供了便利条件。

四、构建实践教学机制，建立实践平台

近年来，我国本科院校实践教学改革在不断推进，并取得了一定的成果。但是，从总体上来看，实践教学仍是高等教育教学的薄弱环节。近年来，我国高等教育进入大众化阶段，本科院校学生人数每年以20%~30%的速度递增，尤其是工科专业学生人数剧增，这在一定程度上加剧了本科院校教育资源的紧张程度。由于受传统教育思想和教育体制的影响，实践教学环节与人才培养目标和社会需求不相适应的矛盾日益突出。为更好地培养高质量的自动化专业人才，必须创新实践教学模式，改革实践教学体系和内容，建立有效的实践教学机制。通过几年的探索与实践，本科院校建立了完善的自动化专业实践平台。根据自动化专业的特点，构建了以“基础课程实验—工程训练—毕业设计”为主体的“五级递进”实践教学体系，基本形成了基础实验、综合实践、专业实验、创新实践和实习等五个层次的实践教学环节，使学生通过这些不同层次的学习和训练，可以达到相应的目标，取得相应的成果。

学校通过构建实践教学平台，采用基于项目驱动与任务导向的教学模式、基于问题导向与成果产出的教学模式，逐步建立具有本校特色的实践教学体系[㊀]。本科院校利用现有条件，鼓励教师和学生走出校门，广泛参与各种类型的社会实践活动。学生通过参与工程项目或专业实习，获得实际工程训练，培养工程意识和能力。近年来，本科院校学生参加社会实践活动的人数达60%以上。本科院校还积极引导学生参加大学生科技创新活动。通过组织大学生科技创新活动，学生的科技创新能力得到提高，同时也培养了学生的协作精神、组织协调能力、实际动手能力和解决问题的能力，增强了实践教学效果。为保证实践教学质量，学校完善了实践教学考核机制。一是严格实验室管理制度；二是加大对实践教学环节的监督和检查力度，加强对学生实验课考勤、实验报告、实验过程、实验项目设计及实验成绩的管理；三是重视专业实验考试内容的设计，将其纳入学生毕业论文的考核之中；四是加强学生的工程素质教育，不断提高学生的工程实践能力，使学生能够适应现代化建设和社会发展对高级应用型人才的需要；五是积极探索和建立新的评价体系，通过采取鼓励学生参与指导教师科研项目、参加专业竞赛等措施，来提高学生的工程实践能力和创新能力。

五、注重个性化管理，构建开放共享的保障体系

为了增强学生的创新能力，本科院校积极组织学生参加全国大学生电子设计竞赛、

㊀ 叶长茂. 大学生科研训练与实践教学深度融合的路径探究［J］. 高教论坛，2023（9）：53-57.

全国大学生机器人大赛等各类赛事，鼓励学生参与教师的科研项目。学校根据竞赛成绩、参与程度和科研能力，给予适当的加分奖励。同时，通过设立校级创新学分的方式，鼓励学生参加创新研究实践活动，并将创新学分计入毕业论文和毕业设计学分之中。为了增强学生的实践能力，学校积极组织学生参加各种社会实践活动。学校鼓励学生利用寒暑假时间进行社会调查和企业实习，通过这些活动的开展增强了学生的社会适应能力和实践能力。学校通过建立大学生科技创新训练中心、大学生科技创新活动中心等方式，为大学生创新创业提供场地、经费、技术和指导等保障。为了营造良好的创新文化氛围，学校加强了对图书馆、实验室等资源的建设投入，为学生创新创业提供了良好的物质保障。

创新能力培养是一个系统工程，需要构建多层次、多渠道、多形式的创新人才培养体系，对学生进行个性化管理，构建开放共享的保障体系。自动化专业要建立创新人才培养的保障机制，为学生提供良好的实验环境、实践教学条件和必要的经费支持。通过积极探索学生个性化管理模式，实行导师制与学分制结合。导师负责学生的专业课程学习、综合实验、实习和毕业设计等，引导学生学习方法和能力的提高；学生自主选择课程、自主安排实验时间、自主选择实验内容和项目、自主选择导师。为鼓励学生在实践中不断创新，学校应对创新成绩突出的学生给予表彰和奖励，并以此为激励，积极引导广大师生参与科学研究和工程实践，促进实验室建设发展，提高科研能力，为全面提高学生的创新能力打下坚实基础。

第三节 自动化专业学生创新能力培养模式运行规则

一、先进性规则

先进性规则要求培养学生的创新意识和创新能力，并将这种意识和能力的培养贯彻到日常教学活动中。先进性规则体现在以下三个方面：①教师在日常教学过程中，应注重培养学生的创新意识和创新能力。在具体的教学活动中，要注重将各种教学活动与学科竞赛相结合，激发学生的学习兴趣，提高学生参与学科竞赛的积极性和主动性；②在教学过程中，应注重将理论与实践相结合，提高学生的综合素质。要利用各种机会，让学生到社会上去参加各种科技竞赛，并鼓励学生积极参加学科竞赛活动；③在教师日常教学过程中，应注重将先进的教学理念融入具体的教学活动中，促进学生创新能力的提高。

大学阶段是形成良好行为习惯的关键时期，这一时期教师应该引导学生养成自主学习的习惯。学生只有通过自主学习，才能在专业知识和专业技能上不断提升，从而适应社会对人才质量和规格上的要求，这是大学生创新能力培养的关键。在本科院校学生教育过程中，学科竞赛是培养学生创新意识和创新能力的重要途径。它能激发学生的学习兴趣，提高学生的学习积极性，培养学生分析问题和解决问题的能力，促进学生思维能力的发展[㊀]。学科竞赛是一个实践性很强的活动，其结果必须经过实际操作才能得到检验。在这个过程中，不仅锻炼了学生解决问题的能力，还提高了学生的思维能力和应变能力。同时，学科竞赛能培养学生团结协作、顽强拼搏的精神。这是本科院校学生教育中所应强化培养的一种精神。实践证明，这种做法能够提高学生参与学科竞赛的积极性和主动性，有助于提高教学质量。

实践教学模式的先进性规则具体体现在两个方面：一是通过各种实践教学活动，激发学生的学习兴趣，提高学生学习的积极性。例如，在理论课程的学习中，可以将一些生动、有趣的教学案例融入课堂教学中，让学生在课堂上参与讨论和交流；二是通过各种实践教学活动，提高学生的动手能力和创新能力。例如，通过开展各种课外科技竞赛活动，如在实践教学活动中开展“机器人比赛”“汽车模型比赛”等竞赛活动，不仅能够提高学生的创新意识和创新能力，而且还能够为学生提供更多的实践机会，提高学生的综合素质。

学校要高度重视“自动化专业学生创新能力培养模式”的建设，从宏观上建立健全“自动化专业学生创新能力培养模式”的运行机制，在人才培养方案、课程体系、教学内容和教学方法等方面进行改革，构建具有学校特色的“自动化专业学生创新能力培养模式”。建立以突出创新精神和创新能力为核心的教学质量评价体系，制定《教学评估方案》《教学评估实施细则》《教学质量与教学改革工程规划》等文件，把“自动化专业学生创新能力培养模式”作为保证人才培养质量的重要内容。学校对“自动化专业学生创新能力培养模式”实施效果进行客观、公正的评估，对优秀学生给予奖励，对创新成果和优秀指导教师给予表彰。学校加强与企业的联系，共同建设实践基地，共同组织开展科技活动。学校从专业教育和创新能力培养两方面构建完善的学生创新能力培养体系，在课程体系方面，将学科基础课程、专业课程和实践教学有机整合，强化基础知识和基本技能的培养；在实验教学方面，实施创新实验室建设工程，加大实验设备更新改造力度，加强实践教学环节的管理；在教学方法和教学手段方面，大力开展多媒体教学、网络课程、CAI 课件等现代教学手段的应用；在师资队伍建设方面，建设一支结构合理、素质优良、专兼结合的教师队伍。学校从提高学生综合素质入手，树立“大教育”理念，将专业教育和创新能力培养有机结合，形成以专业教育为核心、以创新能力培养为主线的专业人才培养方案。专业课程体系突出创新性、实用性和综合性。在课程设置上将专业基础课程、专业核心课程和实践环节有机结合，体现了“厚基础、宽口径”的原则。

㊀ 马昕，李大字．通过学科竞赛加强自动化专业学生工程创新能力培养——以“西门子杯”中国智能制造挑战赛为例［J］．化工高等教育，2017，34（6）：44-48+68.

二、真实性规则

自动化专业学生创新能力培养模式的真实性规则是指通过开展各种创新实践活动，让学生在真实的环境中进行学习和锻炼，提升实践能力。由于学生的年龄、阅历、认知水平等方面的差异，学生对于理论知识的掌握和理解存在较大差异。在教学过程中，教师应充分考虑学生的认知水平和实际情况，注重知识点之间的联系，尽量避免因学生认知水平差异带来的影响。在学生创新能力培养模式运行中，应遵循以下真实性规则：①强调学生在创新能力培养模式中的主体地位。以学生自主研究为主，以教师指导为辅，教师的主要任务是对学生的研究过程进行指导和帮助；②强调教学过程的开放性。在教学中应注重培养学生发现问题、提出问题、分析问题和解决问题的能力，不过分强调知识传授和理论灌输，鼓励学生大胆提出自己的见解；③强调创新能力培养模式的创新性。鼓励学生以探究的精神，进行跨学科、跨专业、跨年级的合作与交流，鼓励他们参加各种学术活动、科技竞赛和创业实践活动，将创新成果及时向同行或社会公布，以达到互相学习、互相促进的目的。通过组织和引导学生参加社会调查、社会实践、科学研究、技术开发、学科竞赛、科技创新等多种形式的创新活动，培养学生分析问题和解决问题的能力。例如，在科研训练中，学生应进行文献调研、选题、资料搜集、设计开发、数据分析、项目管理和实验测试等方面的工作，并最终撰写研究报告或论文。学生在老师的指导下，根据科研训练的内容和要求，自行拟定课题研究计划并完成课题研究报告或论文，再由指导教师根据学生的实际情况进行评审和修改。学生在老师的指导下，独立或与同学合作完成项目，并对项目实施过程进行总结和评估。教师应对学生的研究过程进行监督和检查，并根据实际情况及时对学生进行指导和帮助。教师在科研训练中应将科研训练与教学相结合，积极开展教学研究，不断探索新的教学方法。教师应鼓励学生积极参加各种学术交流活动、科技竞赛和创业实践活动，将学生参加科研训练的情况纳入学生综合素质测评体系。学校应将科研训练成绩计入学生的学分之中，并作为毕业设计或毕业论文答辩的重要参考依据。在开展学生社会实践活动中，要充分发挥学生的主观能动性，让学生在实践中学习、在实践中成长。要根据学生的不同情况，采取不同的形式、内容和方法。鼓励学生积极参加各种社会实践活动，如利用假期开展社会调查，参加社区服务和志愿者服务等，并将所学知识应用到实践中去。

三、渗透性规则

渗透规则是指在自动化专业学生创新能力培养模式中，要把学生的创新能力培养贯穿于整个教学活动中，在平时教学中，教师尽量多地选择一些能够促进学生创新能力发展的教学内容[㊀]。例如，在电子设计竞赛的作品准备过程中，教师要有意识地引导学生去关注与电子设计有关的其他学科，让学生了解到电子技术学科与其他学科之间的联系以及电子设计竞赛在其他学科中的应用。在平时课堂教学过程中，教师要有意识地引导学生去关注一些前沿科学问题或热点话题。例如，在自动控制原理课程的课堂教学中，教师引导学生去关注自动控制技术前沿和发展趋势、新的智能控制系统、人机交互技术等前沿课题。这些课题既有理论知识又有工程应用价值，使学生能够开阔眼界、开拓思路，使课堂教学更加生动有趣。在平时课堂教学过程中，教师引导学生去关注一些具有丰富人文内涵、能够反映当代社会发展与科技进步的议题。例如，在“信息时代”这个议题下，教师要引导学生去关注计算机与互联网技术发展的最新动态。这些议题不仅丰富了课堂教学内容，而且提高了学生对社会发展现状、未来发展趋势的认识。

课程设计是培养学生创新能力的一个重要途径，但目前课程设计存在的问题是重理论、轻实践，重知识传授、轻能力培养。这就要求在课程设计中，不仅要注重知识传授，而且要注重能力培养。例如，在自动控制原理的课程设计中，本科院校会引导学生去关注自动控制原理教学大纲中的重点内容，如非线性系统的校正、自适应控制、最优控制和鲁棒控制等。在这个过程中，学校会让学生注意到如何将自动控制原理的知识应用到非线性系统的校正和自适应控制中，使学生能够深入理解非线性系统的特性及其稳定性。同时，学校也会引导学生关注如何利用最优控制方法实现自动控制系统最优化设计。通过这些教学环节的设计与安排，使学生能够在课程设计过程中应用所学知识。①本模式贯穿于“自动化专业学生创新能力培养模式”的始终，是培养自动化专业学生创新精神、创新意识、创新思维、创新能力和实践能力的重要途径和载体；②学生在不同的阶段可根据自身的条件，在课堂教学中，在社会实践中，在大学生科技活动中，根据自己的兴趣爱好或特长，结合教师的指导，自由选择适合自己的内容进行学习与研究；③学生自主选择学习内容，进行个性化教学和学习。自主选择的学习内容应具有一定难度和深度。学生自主选择学习内容，进行个性化教学和学习。通过自主学习，充分发挥学生的主观能动性；④教师根据本模式要求组织学生开展活动时要具有针对性和灵活性，不能搞一刀切。

四、多元化规则

在对学生进行创新能力培养时，除了需要坚持以上规则外，还应制定多元化规则，使其能够在更广泛的范围内调动学生的积极性。由于不同学校的教育理念和人才培养模式存在差异，在制定相关规则时要考虑到本校的实际情况。例如，对于不同学校或不同专业来说，培养目标、培养方案、师资力量等方面存在较大差异。例如，大连理

㊀ 徐今强. 自动化专业创新型人才培养模式探索与实践［J］. 当代教育理论与实践，2017，9（1）：45-47.

工大学自动化专业为保证学生参与竞赛活动的积极性，制定了一系列鼓励措施，如每年举办一次“自动化创新设计大赛”“电子设计大赛”和“单片机设计大赛”等赛事活动。这些活动对于参加过类似赛事活动并获得较好成绩的学生来说是一次很好的展示自己、提高自己能力的机会。可以全方位的提升自己的创新能力与实践能力。因此，为了鼓励学生参加这些活动，学校制定了相应的激励政策，极大地调动了学生参与竞赛活动的积极性。除此之外，学校还组织学生参加各种与学科竞赛相关的培训与讲座等活动，进一步提高了学生对学科竞赛的认识。根据学校的办学思想，积极推进教学管理制度创新，在教师评教、学生评学、学生评优、科研课题立项等方面，突出素质教育，全面推进综合改革。实行多层次多元化的评价标准，着重评价学生的综合素质、创新能力和实践能力。在此基础上，建立符合创新教育要求的多元化的评价制度。

五、系统化规则

自动化专业学生创新能力培养模式以培养学生的创新意识、创新精神和创新能力为目标，以实验实训中心、大学生科技活动中心等平台为支撑，通过加强学科建设、专业建设、课程建设和实验室建设，全面提高学生的综合素质和创新能力，为学生搭建了一个自主学习的平台，为学生搭建了一个自我发展的平台㊀。

自动化专业学生创新能力培养模式包括以下三个部分：一是学生自主学习平台：以培养学生自主学习能力为核心，构建“一核多维”的新型课程体系和教学内容体系，使课程体系更加适应社会需求。在该模式下，要求教师在课堂上必须给学生提供自主学习的时间和空间，同时要求教师向学生传授自主学习的方法和策略；二是以实验实训中心、大学生科技活动中心等平台为支撑：通过建立“一核多维”的新型课程体系和教学内容体系，构建以培养学生创新能力为核心的新型实验实训平台，为学生提供自主学习的空间和资源；三是以学科专业建设为龙头：在培养模式下，要求各专业按培养方案要求开展课程体系改革、课程内容更新和教材建设工作，把课程建设作为创新能力培养的核心工作来抓，以形成有特色、高水平的课程体系。

在具体的创新实践活动中，本科院校会根据自身的实际情况，制定不同的规则。这些规则既有必要的共性，又有个性特征。共性是指在实际操作过程中应该遵守的基本规则，包括安全、保密等；个性是指不同班级、不同年级学生在参与创新实践活动时需要考虑的特殊因素。例如，为高年级学生准备一些硬件资源，如单片机、电机等。这些资源对低年级学生来说可能没有什么意义，但对高年级学生来说就非常重要。他们需要利用这些资源进行硬件电路的设计与调试，完成实验报告的撰写等任务。因此，对这些资源进行统一管理，以保证高年级学生在参与创新实践活动时不会出现混乱和违规操作的情况。

㊀ 刘洋，苗百春. 自动化专业学生创新创业能力培养研究［J］. 佳木斯职业学院学报，2017，33（1）：296.

再如，要求参加创新实践活动的学生必须填写一份《大学生创新实践活动日志》。这份日志不仅详细记录了学生在活动中遇到的问题、解决方案、实验进度等内容，还会记录每位参加活动的学生在整个活动过程中所花费的时间、取得的成绩、对活动团队产生的影响等信息。这份日志是评价学生创新能力高低的重要依据之一，也是帮助学生成长进步、帮助教师了解学生情况的重要参考资料。

六、引领规则

科技创新活动要想取得成功，不仅需要有一定的创意，而且还需要有正确的规则和方法。因此，在创新活动的开展过程中，需要坚持“以人为本”的理念，充分考虑到学生的感受，对其提出合理、科学、公正、客观的要求。在保证学生自身权益的同时，也要充分尊重和保护学生的积极性和创造性。在规则的制定和实施过程中，要做到公平公正、公开透明，确保每一个学生都能平等地参与到科技创新活动中来。与此同时，在实际工作中还要注重发挥教师的引导作用。教师是科技创新活动的引导者和组织者，对学生在科技创新活动中遇到的困难和问题要及时给予指导、帮助。尤其是对于那些具有一定创新能力但缺乏实践经验的学生而言，教师需要亲自参与到项目设计过程中去，并在具体实践过程中对其进行指导，使其更好地发挥自己的才能和作用。对于大学生而言，在项目设计中遇到的最大困难就是如何从众多的项目中选择适合自己的项目。这就要求教师在学生选择项目时，需要给予一定的指导和帮助，并对其进行合理的引导。同时，要通过实践活动激发学生的学习兴趣。在具体实践过程中，要尽量使学生参与到项目设计过程中去，让他们在整个活动过程中能够感受到乐趣和成功。对于那些在项目设计中遇到困难或者不能实现预期效果的学生，教师要及时给予帮助和指导，使其尽快地适应科技创新活动。在这一过程中，教师作为学生的指导者，发挥着至关重要的作用。因此，在开展科技创新活动时，必须要注重对学生进行实验验证方面的训练。①重视实验教学。实验教学是科技创新活动的重要组成部分，也是培养学生实践能力和动手能力的重要环节。因此，在开展科技创新活动时，需要在重视理论知识学习的同时，注重对学生实践能力和动手能力的培养。一方面要对学生进行充分理论知识的学习和培养，另一方面也要加强学生实际动手能力和操作能力的训练；②科学设计实验过程。在进行实验设计时，要注重对学生实践能力和动手能力的培养。具体而言，首先要确定好实验目标和实验内容，其次是要根据实际情况来确定具体的实验方法、步骤和所需仪器、设备，再次是要对实验过程进行必要的设计，以确保整个实验过程能够顺利、准确地进行；③合理安排实验时间。在对学生进行实验室管理时，尽可能地为学生创造一个良好、宽松和谐、自由、安全的学习环境。在进行实验过程中，还要充分考虑到学生所处的具体情况。在指导学生进行实验时，要尽量让他们能够自由发挥自己的聪明才智和才能。同时还需要结合学生实际情况来确定具体时间，确保整个实验过程能够顺利进行。

七、激励规则

学生创新能力培养的重要举措是建立激励机制，激发学生的参与热情和创新积极性，使学生乐于参与到创新实践活动中。为此，本科院校制定了一系列激励措施。例如，对于在科技竞赛中获奖的团队、获得国家奖学金、国家助学金与“新生奖学金”等荣誉称号的团队给予一定的奖励；设立“大学生创新创业训练计划”项目，通过该项目的实施，学生能够获得相应的经费支持和指导教师提供的相应指导；鼓励学生参加“挑战杯”“互联网+”等一系列创新创业大赛。给予这些竞赛获奖的学生相应的奖学金。这些举措极大地激发了学生参与科技创新实践活动的积极性和主动性，有效提高了学生创新能力和综合素质。例如，中部某本科院校积极开展各类科技竞赛，为学生参加科技竞赛提供平台。每年举办的大学生电子设计竞赛、大学生创新创业训练计划项目、大学生数学建模大赛、电子设计大赛、“互联网+”大学生创新创业大赛、“挑战杯”全国大学生课外学术科技作品竞赛、全国大学生机器人大赛等各类科技竞赛，极大地提高了学生的实践能力和创新能力。近三年来，该院校学生在各类科技竞赛中获得国家级奖励 20 余项，其中一等奖 10 项、二等奖 15 项。学生参加各类科技竞赛，不仅培养了学生的创新精神和实践能力，也增强了学生的自信心，提高了其综合素质。以东部某本科院校自动化专业为例，每年有 20 余个班级的 200 余名学生参加各类科技竞赛，每年有 20 余人获得国家奖学金、国家助学金等荣誉称号。这些奖项极大地激励了广大学生参与科技创新实践活动的热情和积极性，激发了他们学习专业知识的动力，为他们今后成为创新型人才打下了坚实的基础。本科院校可采取如下措施激励学生。

1）每学年设专项奖，奖励学生参与科技活动的突出表现，以及在科技活动中取得优异成绩的个人，有重大创新发明、学术论文或技术报告成果获奖的个人，有参与全国大学生电子设计竞赛、全国大学生数学建模竞赛等重大竞赛项目获奖的个人，有参加国家和省级大学生科技创新活动项目的个人。

2）鼓励学生参加创新创业培训，增强学生自我学习、自主创新和自我发展的能力。在参加大学生科技创新比赛、全国大学生电子设计竞赛等重大赛事中获得优异成绩的学生，由学院推荐参加相关学科专业的比赛和国家大学生创新创业训练计划项目。

3）鼓励学生参加各类学科专业竞赛。通过参加学科专业竞赛，激发学生的学习积极性和主动性，调动学生主动参与教学活动、促进教学改革、提高教学质量。鼓励教师指导学生积极参加学科专业竞赛，并争取获得各级各类学科专业竞赛奖项。鼓励教师积极指导学生参加各级各类科技竞赛和学术研究活动。

4）组织学生积极参加各级各类学科专业竞赛，对于获得优异成绩者，给予一定奖励。

5）鼓励学生参加国内外各类学术论坛，在学术论坛上表现优异的，经学院推荐，可参加相关学术论坛的选拔和奖励。

6）鼓励学生参加国内外各类科研、创新创业等实践活动，经学院推荐，可获得相关实践活动的奖励。在参加各级各类科技竞赛中取得优异成绩的，经学院推荐，可获得相应的奖励。对各类科技竞赛获奖学生的指导教师也应获得相应的奖励。鼓励学生在教学计划规定课程之外学习其他相关课程取得优异成绩，经学院推荐，可获得相应奖励。每学年通过学习其他相关课程成绩超过一定分数者可获得相应奖励。

7）鼓励学生在校园网上开设个人主页，利用网络平台开展科学研究、科技创新、社会实践活动。对参与国家级、省级大学生科技创新活动的学生，经评审小组认定后，授予相应荣誉称号。参加各类创新创业实践活动成绩优秀的学生，在毕业时可以免修部分学分。

8）鼓励教师参与指导学生参加大学生科技创新项目和各类学科专业竞赛，取得优异成绩的教师授予"优秀指导教师"称号。鼓励教师根据学科专业特点和学校实际情况参加各种培训项目、学术讲座、学术报告会、学术沙龙等活动，以提高学术水平和教学水平。

八、团队规则

团队规则是团队的灵魂，是保障团队合作的基石，也是大学生创新能力培养的基础。为了更好地培养学生的团队意识和合作精神，提高学生的创新能力，学校需建立相应的激励机制。学院可对团队成员进行阶段性考核，考核内容包括在科研立项、课题申报、论文发表、专利申请、实践操作等方面的情况。对于表现突出者，学校应给予一定的奖励，并作为入党、评优、推荐优秀学生干部等重要依据。为了让学生更好地了解和熟悉团队规则，学院应在开学初组织学生参观实验室，并利用实验室开放日或其他时间组织学生进行学习。学校应定期举办相关讲座，让学生了解和熟悉团队规则。此外，学院还应建立相关制度，如定期召开相关会议和总结会等，对于团队成员提出的意见和建议进行总结分析。通过这些制度的实施，可以促进团队成员之间的交流与沟通，增强团队成员之间的协作精神。团队可建立如下规则：①团队成员的选拔必须是自愿参加，鼓励有兴趣的同学参加；②团队成员必须遵守团队章程，遵守纪律，服从管理。不得有任何违反法律、校纪校规及损害学校利益的行为；③团队成员在研究过程中不得擅自离开团队，如确因特殊情况需要离开时，必须提前向指导老师说明原因，经同意后方可离开；④团队成员在研究过程中如发现对项目研究的方向、内容、进度或成果有重要影响，有权提出异议和建议，但须提前通知指导老师；⑤在项目研究过程中如出现重大分歧或重大问题时，团队成员必须及时向指导老师汇报，并由指导老师根据实际情况进行判断和决策；⑥团队成员要自觉维护团队荣誉和形象。不得在公共场合和网络上诋毁、诽谤其他成员；⑦团队成员必须树立团队意识，以大局为重，团结协作，共同完成研究任务；⑧对完成研究任务成绩突出的集体和个人给予表彰、奖励，对拒不执行团体决策、态度恶劣、严重影响项目进度的集体和个人给予通报批评并取消其参加各项科技活动的资格。

第六章 自动化专业学生创新能力培养的实践

6

第一节 我校自动化专业在学生创新能力培养中存在的不足

一、学校、专业简介

（一）学校简介

北华航天工业学院是由国家国防科技工业局、中国航天科技集团有限公司、中国航天科工集团有限公司与河北省人民政府共建的一所普通高等院校，是国务院学位委员会批准的硕士学位授予单位、河北省本科高校转型发展示范学校、河北省应用技术大学研究会会长单位、航天应用技术大学联盟理事长单位。学校坐落在河北省廊坊市市区，著名运载火箭与卫星技术专家、国家最高科学技术奖获得者孙家栋院士为学校名誉校长。

学校占地面积近800亩，总建筑面积近40万平方米。现有教职工1000余名，其中高级职称教师380余名，博士、硕士学位教师720余名，现有双聘院士1人，院士工作站联系院士8人。建有50个教学科研仪器设备先进的实验室（中心），教学科研仪器设备总值2亿元。拥有精密光栅测控技术与应用、航天遥感信息应用技术等2个国家地方联合工程研究中心，河北省微小型航天器技术重点实验室、装配检测机器人河北省工程研究中心等20余个省级科技创新平台。设有机电工程学院、电子与控制工程学院、经济管理学院、建筑工程学院、计算机学院、外国语学院、材料工程学院、文理学院、航空宇航学院、遥感信息工程学院、艺术设计学院、马克思主义学院、体育部、工业技术中心等教学单位。现有2个一级学科硕士学位授权点和5个硕士专业学位授权点，设置48个本科专业，现有全日制研究生、普通本科在校生15000余人。

（二）专业简介

自动化专业是以自动控制理论为主要理论基础，以电子技术、计算机信息技术、传感器与检测技术等为主要技术手段，对各种自动化装置和系统实施控制的一门专业；是计算机硬件与软件结合、机械与电子结合、元件与系统结合、运行与制造结合，集控制科学、计算机技术、电子技术、机械工程为一体的综合性学科专业；具有“控（制）管（理）结合，强（电）弱（电）并重，软（件）硬（件）兼施”的鲜明特点，是理、工、文、管多学科交叉的宽口径工科专业。

北华航天工业学院自动化专业是河北省一流本科专业建设点，拥有“电工电子”省级实验教学示范中心（含12个实验室），设有为自动化专业服务的6个专业实验室，与企业共建7个校外实习基地，以保障对学生创新与实践能力的培养。本专业坚持面向航天、服务河北、校企合作、产学研联动的办学理念，大力培养具备电工技术、电子技术、控制理论、自动检测与仪表、信息处理、系统工程、计算机技术与应用和网络技术等较宽广领域的工程技术基础和一定的专业知识，能在运动控制、工业过程控制、电力电子技术、检测与自动化仪表、电子与计算机技术、信息处理、管理与决策等领域从事系统分析、系统设计、系统运行、科技开发等方面工作的高级技术应用型人才。专业依托“检测技术与自动化装置”河北省重点学科进行专业建设。2011年在为河北省、航天系统培养高层次应用型人才目标基础上，取得电子与通信工程领域工程硕士试点，于2012年开始工程硕士教育。

二、我校自动化专业的办学定位、历史沿革与特色优势

办学定位：本专业依托我校航天特色与优势，以京津冀协同发展、河北省产业转型升级为契机，以厚基础、宽口径为特色，注重理论研究与工程实践结合、多学科交叉与军民融合，以大项目、大平台、大成果为导向的科教融合、军民融合式人才培养模式，培养适应航天行业及域内企业自动化相关领域所需的高级应用型本科人才。

历史沿革：本专业于2004年开始招生，已有15届毕业生，共招生1800余人，授予学位1600余人。其前身为始建于1990年的电气自动化技术专科专业。2012年开始研究生教育，其二级学科检测技术与自动化装置于2009年获批河北省重点发展学科，2013年获批河北省重点学科。拥有“精密光栅测控技术与应用”国家地方联合工程研究中心、河北省高校先进制造技术与生产过程自动化应用技术研发中心、廊坊市航天测试技术及仪器研发中心、河北省装配检测机器人工程研究中心、河北省电动汽车充换电技术创新中心等国家及省市级科研创新平台。

特色优势：专业贯彻工程教育理念，主动对接京津冀地区经济转型、产业升级、社会发展的迫切需求，坚持“面向应用，注重实践，服务区域经济建设、服务航天”的整体发展思路，以航天系统测控技术为培养特色，依托检测技术与自动化装置河北省重点学科进行建设。

三、我校自动化专业在学生创新能力培养中存在的不足

在开展以学生创新能力培养为核心的专业建设之前，我校自动化专业在学生创新能力培养中存在如下不足之处。

1. 人才培养定位偏高，所培养的人才与国内其他同类高校存在同质化

具体表现为：学生培养的定位偏高，专业的人才培养方案、各门课程的教学大纲与国内其他同类高校存在一定雷同。在对学生进行培养时，重视学生理论能力的培养，对学生实践能力的培养有所忽视，在培养应用型、技能型人才方面存在不足。

2. 双师型教师数量不足，教师实践能力有待提高

目前国内高校对双师型教师的定义没有统一的标准，但通常是指既有深厚的学术背景和专业知识，又有丰富的实践经验和行业知识的教育工作者。他们通常在完成学术教育后，进入企业或相关行业工作，积累了一定的实践经验，然后再回到学校进行教学。双师型教师可以为学生提供更实际、更贴近行业的学习体验，使学生能够将理论知识与实践技能相结合，更好地应对未来的职业生涯。此外，他们的丰富经验也可以激发学生的创新思维，提升学生的创新能力。在开展以学生创新能力培养为核心的专业建设之前我校自动化专业的双师型教师在师资队伍中所占比重偏少，从而导致教师的教学内容与企业实际需求之间存在差距，所培养的学生在实践能力、创新能力等方面与企业实际需求存在差距。

3. 实践教学体系的构建不够完善

实践教学体系的构建不够完善主要表现在以下几点：

1）实践教学以课内验证性实验为主，综合性实验、设计性实验、创新型课程设计等所占比重偏少，学生在学习中的主动性发挥不足，从而限制了学生创新能力、实践能力的提升。

2）在学生培养上重理论、轻实践，教师对实践教学的重视不足，把更多精力用在了学生理论知识的培养上，从而导致学生的实践能力与用人单位的需要存在差距。

3）实践课程设置不够科学合理，实践教学内容不够系统，缺乏内在的联系，从而使学生无法获得足够的实践机会和经验，这将影响他们的职业发展和就业竞争力。

第二节　我校自动化专业学生创新能力培养的思路和举措

一、我校自动化专业学生创新能力培养的思路

自动化专业在工业发展中起着至关重要的作用，因此自动化专业人才创新能力培

养刻不容缓。我校自动化专业学生创新能力培养的总体思路为：针对我校自动化专业人才创新能力培养中存在的人才培养定位偏高、教师实践能力有待提高等问题，以“精准定位、高效实施、及时反馈”为研究思路，采取科学定位人才培养目标、优化课程体系、构建实践教学体系、深化产教融合等措施，进一步深化教学改革，以实际问题为导向，推进教学内容变革，突出教学内容的针对性、应用性和实效性。鼓励学生参加科技竞赛、参与实际科研课题，以提升学生的科技创新能力。本专业学生创新能力培养的具体思路如下。

1. 服务行业需求，科学定位人才培养目标

以提升学生“专业知识、创新思维、创新方法和能力、应用实践能力、职业素养”等综合素质为目标修订人才培养方案，以满足自动化行业对创新人才的需求。

2. 通专融合，优化课程体系，改革教学内容与方法

以“厚基础、博前沿、重创新”为导向优化课程体系，细化教学内容、梳理教学模块、设计教学环节、改进教学方法、完善考核方案，提升教学效果。

3. 加强师资队伍建设

坚持“采（集）测（试）控（制）结合、调（试）（处）理并重、软硬兼顾、服务航天”的师资队伍建设思路，积极打造一支素质高、业务精、结构合理的优秀师资队伍。

4. 构建“2+2+3”实践教学体系，提升学生创新实践能力

为了培养高素质创新人才，构建“2+2+3”实践教学体系。第一个“2”指2个培养目标（学生创新能力培养、工程实践能力培养），第二个“2”指2个结合（课内教学和课外自学相结合、学校培养和企业培养相结合），“3”指3个层次（专业技能实践→工程实践→科技创新实践）。

5. 深化产教融合，打造协同育人一体化教学平台

以学生创新能力培养为目标，以学生自主学习为核心，充分发挥产业学院、校外实习基地的作用，深化产教融合，打造集理论教学模块、实验（实践）教学模块、产教融合模块、自主学习模块于一体的协同育人一体化教学平台。

6. 学术交流和氛围营造

发挥学校的航天特色与优势，开展多种形式的航天学术交流活动，使学生能够及时了解航天领域的最新研究成果和发展趋势。同时，营造积极的学术氛围，激发学生的创新精神和创造力。

7. 完善教学质量监控与保障体系

完善质量监控与保障体系，更新教学管理理念，规范教学管理制度，强化教学督导，提高教师教学业务水平，加强过程管理，规范教学过程，保障专业教学的有序运

行和教学质量的提高，不断提升教学与人才培养质量。

二、我校自动化专业学生创新能力培养的具体举措

为了培养契合行业发展的高素质应用型人才，我校自动化专业进行了多次培养计划修订，并按照行业变革的需要设立了制造业自动化和流程自动化两个专业培养方向的课程模块。但随着自动化行业的发展，行业和学科的发展对自动化专业人才应具备的专业知识、创新能力、实践能力提出了新要求，原有的教学体系难以满足自动化行业对人才的需求。为了培养满足行业和区域经济发展的高素质自动化人才，本专业在调研了国内同类地方高校自动化专业人才培养中存在的问题之后，以提升学生职业素养和创新能力为目标，整合学校、企业和政府的优势资源，积极开展了自动化专业人才创新能力培养研究与实践，所采取的具体措施如下。

1. 科学定位人才培养目标

到具有鲜明特色的兄弟院校、航天各大院所、京津冀地区地方企业进行调研，以了解航天企业和地方企业自动化行业人才的需求。结合兄弟院校的专业改革经验，定位了人才培养目标，并在保持专业目标的基础上突出特色目标。在人才培养特色上，重点培养应用型工程技术专业人才，使本专业培养的人才更符合自动化行业的发展方向，并更好地满足地方与航天系统对自动化人才的需求。

2. 修订人才培养方案

对接工程教育专业认证标准，按照“学生中心、产出导向、持续改进”的理念修订了自动化专业人才培养方案。重构了课程教学体系，使之既区别于重点工程本科大学的研究型、设计型定位，又有别于工程专科教育的技术应用型定位。在重视学生基础知识、基本能力培养的同时，按照企业的实际需求进行课程设置。

在进行培养方案修订时，重视毕业生及用人单位意见反馈，邀请十余位知名高校、企业专家参与培养方案论证，优化培养目标和毕业要求，准确把握二者内在联系，理顺教、学、考具体方向，力争培养目标能够准确说明本专业学生毕业五年后预期能够达到的成就和水平，在全面覆盖工程认证标准的同时，尽可能地减少指标点分解个数。重新梳理了本专业的课程体系，增加美育、劳育类课程，实现德智体美劳五育并举，调整专业课程对指标点的支撑结构，每门课程支撑 2~4 个指标点。优化课程设置，调整学时分配，加强课程相互支撑，使课程教学更加科学、高效。

3. 修订课程大纲

在优化人才培养方案的基础上组织全体教师修订自动化专业课程大纲，修改指标点与课程目标对应关系，完善课程考试考核方式，以期更加合理地对课程目标进行评价；在课程大纲中增加课外学时要求，充分利用学生的业余时间，培养自主学习习惯，丰富教学内容；融入课程思政，使专业课程与思政课程同向同行，强化教师育人意识

和教学能力，树立课程思政理念，增强在课程教学中主动研究、落实课程思政的自觉意识，培养和提升教师的立德树人能力，培养德智体美劳全面发展的社会主义建设者和接班人。

4. 加强师资队伍建设

专业高度重视师资队伍建设，经过多年建设，形成了一支素质高、业务精、结构合理的优秀教师队伍。师资队伍建设的具体措施如下。

1）加强人才引进与培养，大力引进高层次博士人才，优化教师队伍结构，近3年新引进博士教师5人，在职教师中1人获得博士学位，充实了师资队伍。

2）为提高教师的科研水平和综合素质，选派了多名优秀教师深入航天院所及地方企业挂职锻炼，承担企业合作项目，解决企业生产一线技术问题，提高教师科研水平和综合素质。同时，外聘了多名航天专家、学者作为兼职教授。通过这样内培外引的方式提升了专业教师的实践能力。

3）安排教学经验丰富的老教师对刚入职的青年教师进行教学指导，从而使青年教师尽快积累教学经验，提升教学能力。鼓励青年教师开展科研合作与学术、技术交流，使青年教师更好地把握并紧密跟踪本学科领域及产业发展的前沿动态，深化学科交叉与渗透，促进青年骨干教师的成长，使其尽快具备承担学科建设的素质和能力。

5. 加强专业课程建设

1）加强课程思政建设：通过组织专题培训、专题研讨、专题讲座，切实提升教师课程思政教学能力，大力推动全员、全过程、全方位育人的“大思政”工作格局，全部课程均开展了课程思政教育。鼓励教师将航天精神融入教学中。讲好航天故事，持续深入挖掘航天特色思政元素，大力弘扬航天精神，激发学生民族自豪感和奉献航天、报效祖国的爱国情怀。

2）加强课程质量建设：以培养具备创新能力的应用型人才为目标，做好课程教学内容的设计，引导学生带着问题完成教学内容的学习，在解决问题的过程中培养学生获取知识的能力和应用知识的能力。以培养学生的适应性、创造性和基本科学素养为导向，革新专业课的前沿性教学内容，使其体现学术研究的前沿性、热点性、实效性等特征，使专业课的教学内容能够满足行业、企业的需要，满足学生创新能力培养的需要。

3）建立课程案例库：案例教学，有利于强化学生的实践应用和创新能力培养，是推动学生培养模式改革的重要手段，为应用型本科高校人才培养目标的实现提供有力保障。目前，自动化专业初步完成了案例库的建设。案例库建设以课程群为单位，根据课程特点和知识体系，将自动化专业课程划分为3个课程群，建设范围包括现有培养方案课程体系中适宜采用案例教学的专业课程（含学科基础课、专业必修课和专业选修课），每个案例库不少于10个案例，其中原创性案例不少于8个。案例来源主要为教师科研项目、学生科技竞赛课题、校企联合开发案例等，确保案例的典型性、客观性和创新性。

6. 鼓励教师开展教学研究与改革

1）革新前沿性教学内容，以培养学生的适应性、创造性为导向，体现学术研究的前沿性、热点性、实效性等特征，教学内容满足创新人才培养的需要，反映经济社会发展和科技进步的新成果、新知识、新理论和新技术。

2）使用多样性的教学方式和方法，将项目驱动式、启发式、研讨式、案例式等教学方式与方法引入课堂，营造开放的教学环境，引导学生自主学习。

3）强化教师创新意识，使教师能够自觉地将新的教育理念、社会需求、科技动态、技术应用、本专业的前沿性知识、自己所做的实际工程案例引入到课堂教学。

7. 重构实践教学体系

以创新能力、工程实践能力培养为目标，建立“2+2+3”实践教学体系，即以学生创新能力、工程实践能力培养为目标，将教师课内教学和学生课外自学相结合，将学校校内培养与企业校外培养相结合，构建涵盖专业技能实践、工程实践、科技创新实践的实践教学体系。以教师实际科研项目和学科竞赛为支撑，贯穿“学”“用”管道，营造“以学带创、以练促创、以研提创、以赛推创”的创新氛围。

8. 加强专业教学质量保障体系建设

（1）规范教学管理制度

学校及学院制定并严格执行了《本科教学管理工作规程》《北华航天工业学院关于开展教师教学综合业务比赛的通知》《电子与控制工程学院教师教学综合业务比赛实施办法》《电子与控制工程学院教学评估优秀评定办法》等教学管理制度、文件。严格规范培养方案、课程大纲、教学计划的制定及教学组织、课程目标的实现等教学过程，确保本专业的教学管理工作正常稳定持续运行，提高教学质量。

（2）强化教学督导，提高教师教学业务水平

在教学过程中对各门课程进行定期（期初、期中、期末）与不定期（专项）教学检查，严格执行教学过程管理。同时，为确保教学活动正常开展，并不断提升教学质量，构建由学校、学院、专业构成的三层质量监控体系，全面督导教学执行过程与教学评价过程。其中，在专业层面，专业负责人按照学校、学院要求定期开展三期教学资料自查，定期开展课程大纲审核、随堂听课，组织教研室教师进行同行听课，召开教师、学生座谈会，评价教学过程及课程达成度完成情况；课程负责人具体负责课程建设工作和课程教学任务落实，组织课程大纲修订、教学研讨活动等，不断提升课程建设水平；相同或相近课程授课教师组成课程组，定期开展教学研讨，交流教学心得，总结教学问题，促进课程达成度水平提高；辅导员不定期抽查学生上课情况，学生信息员按学院要求定期在课间进行考勤，监督教学活动有序开展。

自本专业加强专业教学质量保障体系建设以来，教师的教学质量取得了显著提高，课堂授课秩序有了一定改进，学生对教师的教学能力比较满意，各门课程的网评成绩

均高于90分。

9. 采取切实措施，支持学生科技活动

专业采取了一系列措施鼓励学生参与教师的科研项目、参加各种学科竞赛，并取得了一系列成果，所采取的措施主要如下。

1）从低年级开始，就为学生配备了多名具有实际工程项目经验的双师型学业导师指导学生参加学科竞赛、参与科研项目。

2）加强学生科技活动场地建设，探索学生自治、自我管理的知行学生创新实验室管理模式，全天向学生开放部分实验室。鼓励优秀学生入驻学校拥有的国家级众创空间——“廊坊e创空间”开展创新、创业活动。

3）在原电子与控制工程学院学生电子技术大赛的基础上，采取学生为主、教师指导的方式，在全校开办“电子产品大赛”“机器人大赛”“自动控制系统大赛”等比赛活动，鼓励学生在全校各专业内，自我组建团队。通过比赛培养了学生作为工程师所应具备的专业知识和协作能力。

4）继续加大对全国性学科竞赛的投入，鼓励教师指导学生参赛，提高参赛队伍的数量，扩大学生参加科技竞赛的覆盖面，提升学生整体科研动手能力。

10. 深化产教融合，校企合作共同育人

全面深化产教融合，企业深度参与学生培养，主要涉及以下合作内容：与多家企业签署战略合作协议，校企双方全面开展科研、管理、教学、人才培训等方面的合作，实现优势互补、资源共享、互惠共赢、共同发展；与廊坊英博电气有限公司共建省级现代产业学院，在多家企业建立校外实习实训基地，学生可根据自身的兴趣爱好选择合适的企业进行实习实训；邀请企业技术人员参与培养方案和课程大纲的修订，使教学内容更符合企业的需求；邀请企业技术人员承担部分专业课的教学任务，实现“合作授课”；校企共建共享理论教材、实训教材、实训指导书、习题库、试题库、考核评价体系、技术标准、作业规范、教学录像等教学资源；聘请企业专家担任学生学业导师，指导学生的学习及科技竞赛活动。

第三节 “电气控制与PLC”课程教研教改情况

本节以笔者所授“电气控制与PLC”课程为例介绍我校自动化专业课程教学改革情况。“电气控制与PLC”课程是自动化专业的学科基础课，在学生专业能力、创新能力培养中发挥着重要作用，该课程的授课对象为我校自动化专业本科三年级学生。专业在课程建设过程中，组建了涵盖自动化、电气工程、仪器、机械等专业背景并有企业专家参与的教学团队；深入调研了行业需求，确定了课程建设计划；整合了国内外最前沿的研究成果，编写出版了教材、实验指导书；投入资金升级了实验室，使学生能够在真实工业环境中进行学习和研究。通过课程学习，学生能够熟练掌握电气控制系统的基本原理、设计方法和调试技巧，具备较强的专业知识水平，具有一定的电气控制系统设计和调试能力；能够将所学知识应用于实际工程项目，具备较强的创新能力；具备一定的团队协作精神和沟通能力；能够关注工程技术发展的新动态，具备较强的信息获取和处理能力。

一、“电气控制与 PLC”课程教研教改情况简介

（一）本课程开展教研教改具备的条件

1）实验设施：与罗克韦尔自动化公司共建的电气控制与 PLC 实验室配备了各种电气控制设备、PLC 控制器、传感器和执行器，能够满足教学的实际演示和学生的实验项目的需求。

2）教材和学习资源：本课程可提供详实的电气控制与 PLC 技术教材、参考书籍、模拟软件和在线资源。

3）教师团队：拥有一支富有经验的教师团队，本团队在电气控制与 PLC 领域和学生创新能力培养方面拥有丰富的专业知识和实践经验。

4）计算机设备：学生使用计算机进行 PLC 编程和模拟实验。实验室提供了先进的计算机设备和必要的编程软件，以支持学生的学习。

5）安全设备：在实验过程中，学生和教师的安全至关重要。实验室提供了必要的安全设备和培训，确保实验室操作的安全。

（二）教学方法与手段

在授课过程中，授课教师综合运用多种教学方法与手段，培养学生专业知识、团队协作、批判性思维、问题解决能力和创新能力，具体方法与手段如下：

1）项目引领，任务驱动的行动导向教学模式：通过项目实践，让学生在实际操作中掌握知识和技能。

2）案例教学：通过分析真实的工程案例，让学生了解电气控制与 PLC 在实际项目中的应用，提高学生的实践能力和创新能力。

3）互动教学：利用现代信息技术，如多媒体、网络等，丰富教学手段，提高学生的学习兴趣和参与度。

4）跨学科合作：与其他学科（如计算机科学、自动化技术等）进行交叉合作，拓宽学生知识面，培养学生的综合能力。

5）创新教育：鼓励学生提出问题，并帮助其寻找答案。发展学生的批判性思维和解决问题的能力。

（三）本课程教学组织实施情况

1）课程内容设计：召开了一系列研讨会，确定了课程的教学目标并进行了教学内

容的设计。

2）教学资源准备：精心编写了教材，并提供了电子资源，这些资源包括理论课程、案例研究、实验指南以及相关模拟软件。

3）实验设备升级改造：改造后的实验设备能够模拟真实生产环境，使学生能够在实验室开展控制系统设计、故障排除和性能优化等综合性实验。

4）教师培训：为教师提供专业培训，使其深入掌握创新创业理论，并及时了解电气控制与 PLC 技术的最新发展。

5）校企合作：积极与相关企业合作，邀请行业专业人士参与课程设计和教学。这不仅有助于课程内容的更新，还为学生提供了企业考察、实习的机会。

（四）课程特色

1）教学内容全面，实现了跨学科整合：本课程将电气控制、PLC 编程、自动控制原理、传感器技术、电机驱动和创新创业思维融为一体，通过跨学科整合，帮助学生理解不同领域的知识如何相互关联，为学生提供全面的技术与创新背景。

2）创新创业思维贯穿全程：创新创业思维不仅是一个单独的模块，而是贯穿于整个课程的授课过程。

3）注重实践教学：注重实践教学，学生有机会亲自动手进行实验操作和工程项目实施。从而使学生能够将理论知识应用到实际中，提高他们的动手实践能力。

4）项目式学习：课程采用项目式学习方法，教师将实际案例引入教学，学生在学习过程中将参与真实的项目研究和科研训练实践。

5）教学方法灵活：为提高授课质量，教师团队综合采用了讲授、演示、实验、讨论等多种教学方法。

6）教学资源丰富多样：为学生提供了教材、参考书、电子课件、网络教学资源等学习资源，其中网络教学资源包括课程标准、任务书、在线测试、视频动画库、图片库等。

（五）本课程教学改革取得的成效

通过课程学习，学生掌握了电气控制系统原理和设计方法，了解了各种电气元件的性能和应用，学会了使用 PLC 进行自动化控制系统的设计、调试和维护，提高了学生专业能力。通过实验、案例分析和团队项目，培养了学生解决电气控制系统复杂问题的能力、团队协作能力和创新能力，提高了问题解决效率。通过实验和模拟软件，学生能编写和测试控制程序，模拟工厂自动化过程，培养学生将理论知识应用于实际工作的能力。课程注重道德责任感和可持续发展意识的培养，鼓励学生践行绿色制造理念，推动社会可持续发展。本课程教学改革取得的具体成效如下。

1）学生创新能力得到提升：将创新创业思维贯穿于专业知识学习全过程，使学生的创新能力得到显著提升。

2）学生实践能力得到培养：通过项目式学习和科研训练实践，鼓励学生将所学知识应用于实际情境，解决自动化领域的实际挑战，从而培养了学生的实践能力。

3）学生团队合作与沟通能力得到加强：通过小组合作和团队项目培养了学生团队合作和沟通技能，使其学会了如何协作解决复杂问题，推动项目的成功实施。

4）学生可持续发展意识得到培养：通过以绿色制造为实际应用案例的教学，强调绿色制造的可持续性，帮助学生理解环保和社会责任的重要性，并在实践中考虑可持续性因素，培养了学生对可持续发展的责任感。

二、“电气控制与 PLC”课程教学大纲

为更好地贯彻落实党和国家的教育方针，充分适应社会经济发展对人才培养提出的新要求，本专业对“电气控制与 PLC”课程的教学大纲进行了修订。修订后教学大纲更加注重对学生创新精神与实践能力的培养，契合了学生解决复杂问题等综合能力培养的要求；激发了学生主动学习的热情；更能体现课程目标对毕业要求的支撑，更加符合工程教育认证的需求。修订后的“电气控制与 PLC”课程教学大纲如下。

“电气控制与 PLC”课程教学大纲

（一）课程说明

课程代码：B002E912

英文名称：Electric Control and PLC

适用专业：自动化专业

开课单位：电子与控制工程学院，自动化系

课内学时：56（理论学时：36 学时；实验学时：20 学时）

学分数：3.5

课程类别：学科基础课

课程性质：必修课

考核形式：考试

修读学期：第 7 学期

先修课程：电路分析基础、计算机程序设计、控制理论

课程简介：本课程为自动化专业的学科基础课。通过理论学习与实验，使学生掌握工业现场中常用控制电器的工作原理、使用、选择方法，并可使用这些电器组成继电器-接触器控制系统；使学生掌握 PLC 的结构原理、指令系统、编程方法和解决实际问题的方法，对 PLC 的模拟量、闭环 PID 控制及通信功能有一定了解，具有正确使用 PLC 解决问题的能力，为学生毕业后从事相关控制类工程打下良好的基础。

（二）课程目标及其与毕业要求的对应关系

通过本课程学习，学生应在能力方面达到如下目标：

课程目标1：能够按照要求设计电气控制系统，具备较熟练的低压电器设计能力；能够按照要求编写PLC程序，具备自动化系统综合设计能力。

课程目标2：能够正确分析控制系统的需求，给出设计方案。

课程目标3：所设计的电气控制系统应符合相应的国家标准、国际标准。

课程目标4：具备对工作、生活良好的责任心；具备刻苦钻研、积极向上、严谨治学的科学态度。

课程目标与毕业要求的对应关系

毕业要求	毕业要求指标点及内容	课程目标
工程知识。掌握本专业所需数学、自然科学、工程基础和自动化的专业知识，能够将上述知识用于解决自动化领域的复杂工程问题	能将工程和专业知识用于自动控制系统的设计、控制和改进	课程目标1
问题分析。能够应用数学、自然科学和工程科学的基本原理，识别、表达并通过文献研究分析自动化系统中复杂工程问题，以获得有效结论	能正确表达一个复杂自动化工程问题的解决方案	课程目标2
研究。能够基于科学原理并采用科学方法对复杂工程问题进行研究，包括设计实验、分析与解释数据，并通过信息综合得到合理有效的结论	能基于自动化专业理论，选择研究路线，设计可行的实验方案，根据实验方案构建自动控制实验系统，进行实验	课程目标3
使用现代工具。能够针对电气控制中的复杂工程问题，开发、选择与使用恰当的技术、资源、现代工程工具和信息技术工具，包括对复杂工程问题的预测与模拟，并能够理解其局限性	指标点：能获取、选择、开发相关的技术、资源和工具，并用于复杂自动控制工程问题	课程目标4

（三）育人目标

1）结合知识点让学生多了解世界先进技术，培养学生的责任感和使命感。

2）鼓励学生寻找问题、发现问题，培养学生知难而进的意志和毅力。

3）在学习过程中，通过难点的分析和解决，使学生学会用联系的、全面的、发展的观点看问题，正确对待人生发展中的顺境与逆境，处理好人生发展中的各种矛盾，培养健康向上的人生态度。

4）在课程实践教学过程中，通过合理分工和有效组织，培养学生团队合作的精神。

5）在课程实践教学中，要求学生严格执行实验室的操作规范，培养良好的设备安全操作习惯。

（四）课程教学内容与课程目标对应关系

课程教学内容与课程目标对应关系

教学模块	主要教学内容	重点、难点	教学目的	学时分配		学时	教学方法及手段	对应课程目标
				理论	实验			
常用低压电器	教学内容1：常用低压电器的工作原理	重点：常用低压电器的工作原理	掌握常用低压电器的工作原理，为后续的选型、使用打下基础	2	0	2	课堂讲授	课程目标1
	教学内容2：常用低压电器的用途与选型	重点：常用低压电器的用途 难点：常用低压电器的选型	通过查阅相关文献，完成对常用低压电器的选择与应用	2	0	2	课堂讲授	课程目标1
	教学内容3：常用低压电器的图形符号、文字符号	重点：常用低压电器的符号	通过电器符号的识别，分析控制电路原理和控制方法	2	0	2	课堂讲授	课程目标1
基本控制电路	教学内容4：自锁、互锁、多地控制、顺序起停等基本控制电路	重点：自锁、互锁、多地控制、顺序起停等基本电气控制环节的设计方法 难点：电动机起动、制动、调速等控制电路的工作原理与设计方法	具备利用低压电器实现自锁、互锁、多地控制、顺序起停等基本电气控制环节的设计能力 具备电动机起动、制动、调速等控制电路的设计能力 掌握简单电气控制电路图和接线图的设计方法 掌握电气控制系统设计的一般规律	10	0	10	课堂讲授 案例教学	课程目标1 课程目标2 课程目标3
PLC	教学内容：PLC硬件系统、基本指令等	重点：PLC硬件系统、基本指令等 难点：PLC的功能文件	掌握典型系列PLC硬件与编程软件，对PLC的扩展及典型模块有一定的了解 能够运用AB系列PLC的基本顺序指令、基本功能指令、控制指令、比较指令，完成实验项目的设计与调试 能够运用AB系列PLC的高级指令实现复杂控制任务的设计与调试 能够构建PLC常见的通信网络	20	20	40	课堂讲授 采用启发式教学 外聘专家合作授课 实验	课程目标1 课程目标2 课程目标4

（五）教学方法

1. 课堂讲授

1）采用启发式教学：激发学生主动学习的兴趣，培养学生独立思考、分析问题和解决问题的能力，引导学生主动通过实践和自学获得自己想学到的知识。

2）采用电子教案：多媒体教学与传统板书教学相结合，提高课堂教学信息量，增强教学的直观性。

3）采用案例教学：理论教学与工程实践相结合，引导学生应用数学、自然科学和工程科学的基本原理，观察分析控制系统工作时的各种现象及问题，培养其识别、表达和解决相关工程问题的思维方法和实践能力。

2. 合作授课

聘请多年来从事本行业的企业专家进行合作授课，以加强学生对部分理论知识在专业中应用的认知。

（六）课程目标与教学环节设计

课程目标与教学环节设计

课 程 目 标	具体的知识与能力要求	采用的教学环节
课程目标 1	能应用所学知识解决电气控制问题的能力	授课、实验
课程目标 2	能应用所学知识解决电气控制问题的能力	授课、实验、合作授课、案例教学
课程目标 3	新建项目的工程设计，改建项目的工程识图	授课、案例教学
课程目标 4	态度认真，负有责任心	实验

（七）课程成绩评定与考核

1. 课程考核内容与考核要求

课程考核内容与考核要求

教 学 模 块	主要教学内容	考 核 内 容	考 核 要 求
常用低压电器	常用低压电器的工作原理	低压电器的工作原理	掌握低压电器的工作原理
	常用低压电器的用途与选型	低压电器的用途与选型	能够完成低压电器的选型
	常用低压电器的图形符号、文字符号	低压电器的图形符号、文字符号	识别低压电器的图形符号、文字符号
基本控制电路	自锁、互锁、多地控制、顺序起停等基本控制电路	基本控制环节	绘制规定的控制电路图
PLC	PLC 硬件系统、指令等	PLC 的指令及具体使用	完成规定的 PLC 程序设计与调试

2. 课程考核方式、成绩评定及其与课程目标支撑关系

课程考核总评成绩为百分制，各考核方式所占分值比例建议值及考核细则如下。

课程成绩=课堂表现/互动（10%）+ 实验课（20%）+ 期末考试（70%）

课程考核方式与课程目标支撑关系

课程考核方式	建议分值	考核/评价细则	对应课程目标
课堂表现/互动	10	通过对学生学习表现的观察，评价学生的相关能力	课程目标 1 课程目标 2
实验课	20	围绕课程目标，安排相关的实操训练	课程目标 3 课程目标 4
期末考试	70	考试试题的内容和形式应当能够反映学生相关能力，即课程目标达成情况	课程目标 1 课程目标 2

3. 期末考试形式：闭卷

（八）课程目标达成度评价

各门课程的课程目标达成度具体计算方法如下：

$$\text{课程目标达成度}=\frac{\text{总评成绩中支撑该课程目标相关考核环节平均得分之和}}{\text{总评成绩中支撑该课程目标相关考核环节目标总分}}$$

课程目标达成度评价方法

课程目标	支撑环节	目标分值	学生平均得分	达成度计算示例
课程目标 1	报告	C_{01}	C_1	课程目标 1 达成度 = $\frac{C_1+E_1}{C_{01}+E_{01}}$
	期末考试	E_{01}	E_1	
课程目标 2	报告	C_{02}	C_2	课程目标 2 达成度 = $\frac{C_2+E_2}{C_{02}+E_{02}}$
	期末考试	E_{02}	E_2	
课程目标 3	实验课	D_{01}	D_1	课程目标 3 达成度 = $\frac{D_1}{D_{01}}$
课程目标 4	实验课	D_{02}	D_2	课程目标 4 达成度 = $\frac{D_2}{D_{02}}$

达成度评价值计算具体说明：

1）C_0 代表报告的目标分值（10 分）。其中，

C_{01} 代表支撑课程目标 1 的报告目标值（5 分）

C_{02} 代表支撑课程目标 2 的报告目标值（5 分）

2）D_0 代表实验课的目标分值（20 分）。其中，

D_{01} 代表支撑课程目标 3 的实训课目标值（10 分）

D_{02} 代表支撑课程目标 4 的实训课目标值（10 分）

3）E_0 代表期末考试的目标分值（70 分）。其中，

E_{01} 代表支撑课程目标 1 的期末考试目标值（30 分）

E_{02} 代表支撑课程目标 2 的期末考试目标值（40 分）

4）C_1 代表支撑课程目标 1 的报告学生平均分值；C_2 代表支撑课程目标 2 的报告学生平均分值。

5）D_1 代表支撑课程目标 3 的实验课程学生平均分值；D_2 代表支撑课程目标 4 的实验课程学生平均分值。

6）E_1 代表支撑课程目标 1 的期末考试学生平均分值；E_2 代表支撑课程目标 2 的期末考试学生平均分值。

（九）教材与参考资料

1. 教材

叶昊，王宏宇，等. 电气控制与 MicroLogix1200/1500 应用技术 [M]. 北京：机械工业出版社，2014.

2. 参考资料

1）范永胜. 电气控制与 PLC 应用 [M]. 北京：中国电力出版社，2017.

2）许翏. 电气控制与 PLC 应用 [M]. 北京：机械工业出版社，2017.

3）李向东. 电气控制与 PLC [M]. 北京：机械工业出版社，2018.

4）王永华. 现代电气控制及 PLC 应用技术 [M]. 北京：北京航空航天大学出版社，2017.

5）宫淑贞. 可编程控制器原理及应用 [M]. 北京：人民邮电出版社，2017.

三、“电气控制与 PLC”综合性实验教学案例示例

实际工程案例教学是一种将理论知识与实际操作相结合的教学方法，通过分析、讨论和解决实际工程项目中的问题，培养学生的实际操作能力、创新能力和团队协作能力。采用实际工程案例进行教学可以带来如下好处：打破理论学习的枯燥，激发学生的学习兴趣；有利于学生的理解与记忆；培养学生问题解决能力；培养学生实践操作能力；培养学生团队协作精神；促进学生思维活动，发展其思维能力和创造力。下面将介绍“电气控制与 PLC”这门课程的一个综合性实验教学案例。该案例是一个实际工程项目，笔者将其作为实际案例引入实验教学，以提高学生的创新能力、实践能力和团队协作能力。在学生开展实验前，教师首先以课堂讲授的形式对项目的背景、系统需求、硬件配置、程序结构及流程进行介绍，之后将学生分为 7 组，分别编写主程序、初始化子程序、复位子程序、报警及显示子程序、输水子程序、输气子程序、清管子程序。学生在程序编写的过程中极大提高了编程能力、问题解决能力、沟通能力和团队协作能力，取得了良好的教学效果。下面对这一实验教学案例进行介绍。

（一）项目概述

本项目是受中国石油股份公司管道分公司科研中心的委托而进行开发的现场试验环道工程。工程是一个供科研实验用的环道工程，可用于模拟管道输油、输气环境，以支持研究人员开展相关研究工作。该试验环道的控制系统采用 PLC 作为数据采集与控制单元，操作员工作站采用组态软件作为人机界面，实现对试验过程的数据采集和过程控制。系统的主要功能为：对试验环道的数据进行数据采集、存储和处理；提供人机界面，在界面中对过程进行控制并显示动态试验环道工艺流程图、实时趋势曲线图和历史曲线图，显示各种实验参数和有关参数；根据试验要求调节压力、流速、流量，以满足试验的要求。PLC 的主要功能是：实现对工艺流程的控制，采集相关的实验数据，并对各种故障实时报警。

（二）系统需求分析

为确保试验的安全，在试验过程中用水代替石油，用空气代替天然气，因此本试验平台的输送工艺分为输水工艺和输气工艺两个部分。试验所采用的管道为同一管道，管道上所安装的各种检测仪表要求能适用两种介质在不同工况的参数检测。仪表的精确度要能满足试验要求，并有较好的重复性，使实验数据尽量准确、可靠。输水、输气流程的切换是用电动球阀实现的，并且通过调节电动调节阀的开度来实现对压力、流量等信号的控制，阀门开度变大时，流量增大，压力减小；阀门开度变小时，流量减小，压力增大。整个系统采用闭环控制，利用 PID 控制对系统中的压力、流量等进行自动调节。下面对输水工艺和输气工艺流程做简单介绍。

输水工艺主要是将水罐内的清水经过滤后，由泵升压后进入环道，循环一周后回到水罐：打开罐前的进水阀，将水灌装水至最高液位；在站控室确认泵是否具备起动条件，如电源是否正常、管路是否通畅、远控阀门是否处于非故障状态等；起动泵；通过控制进罐的调节阀将管路的流量和压力控制到试验要求的范围；当环道内流量平稳后打开阀井内的泄漏检测阀门，通过阀井内的流量调节阀控制泄漏流量；将环道的压力流量等参数采集到泄漏检测系统中，并记录以用于试验研究；对不同位置的阀井做不同的泄漏流量的试验，并记录数据；试验完毕停泵；在站控室确认空气压缩机是否具备起动条件；起动空气压缩机将环道内的水“吹”进水罐；停空气压缩机，冬季时须将水罐内的水排入消防池内。

输气工艺主要是将空气经压缩机升压后进入环道，循环一周后经放空阀放到大气中：在站控室确认空气压缩机是否具备起动条件，如电源是否正常、管路是否通畅、远控阀门是否处于非故障状态等；起动空气压缩机；通过控制环道进出口的调节阀将管路的流量和压力控制到试验要求的范围；当环道内流量平稳后打开阀井内的泄漏检测阀门，通过阀井内的流量调节阀控制泄漏流量；将环道的压力流量等参数采集到泄漏检测系统中并记录，以用于试验研究；试验完毕停空气压缩机。

为实现上述功能，整个试验环道需做如下设置：在管道中设立泄放阀井，作为环道的泄漏点，实现不同泄漏的模拟；在液体回水罐和气体放空口前设调节阀，以控制整个管道的运行压力；在泵和压缩机的出口、水罐的回水口以及各个阀井内设置压力检测仪表，并将压力信号传送至站控室，为泄漏检测软件的进一步开发提供试验依据。

（三）传感器及执行器量化分析

系统采用两套 PLC 装置分别模拟两个相邻输油、输气站场的控制装置，分别称为首站 PLC 和末站 PLC，通过首站 PLC 和末站 PLC 实现整个试验环道的控制与试验数据采集。基于此，对整个系统所需执行器、传感器做出如下分析。

系统中所要控制的执行机构包含：电动球阀 4 个、电动闸阀 1 个、电动调节阀 2 个，所需要采集的数据量为：压力 5 点、差压 1 点、温度 3 点、液位 1 点、流量 4 点。根据控制和数据采集的要求，整个系统共有开关量输入点 34 个，其中首站 21 个、末站 13 个；共有开关量输出点 26 个，其中首站 14 个、末站 12 个；模拟量输入 14 个，其中首站 9 个、末站 5 个，对执行机构的控制和数据的采集量化如下。

1）电动球阀（4 个）控制及回馈信号：控制信号——阀门开、阀门关；回馈信号——阀门开到位、阀门关到位、阀门故障、阀门远控；属于数字量控制开关，当阀门开到位或关到位时会回馈给系统一个到位信号，表明开关操作已执行结束。输水流程时电动球阀 204、404 开，阀 206、410 关；输气流程时反之。

2）电动闸阀（1 个）控制及回馈信号：控制信号——阀门开、阀门关；回馈信号——阀门开到位、阀门关到位、阀门故障、阀门超温、阀门远控。

3）电动调节阀（2 个）控制及回馈信号：控制信号——阀门开、阀门关；回馈信号——阀门开到位、阀门关到位、阀门故障、阀门超温、阀门远控。用于调节输送过程中的压力、流量大小。

4）压力采集（压力输出 4~20mA）：0~2MPa，采集 5 点。

5）差压采集（差压输出 4~20mA）：0~1MPa，采集 1 点。

6）温度采集（温度输出 4~20mA）：-30~50℃，采集 3 点。

7）液位采集（液位输出 4~20mA）：0~5m，采集 1 点。

8）气体流量采集（流量输出 4~20mA）：0~3500m^3/h，采集 2 点。

9）液体流量采集（流量输出 4~20mA）：0~200m^3/h，采集 2 点。

（四）PLC 硬件配置

PLC 采用美国 Rockwell 公司的 ControlLogix 系列产品，该产品可靠性高、性能稳定，同时采用了高速传送的以太网通信技术，实现了过程数据采集、实时传输和过程控制，增强下位机的扩展性和数据采集的实时性。通过软件编程实现对远程仪表、传感器及执行机构的数据采集、处理与控制，实现总体设计功能。PLC 硬件配置见表 6-1。

表 6-1　PLC 硬件配置表

序　号	型　号	描　述	单　位	数　量
1	1756-L61	LOGIX5561 PROCESSOR WITH 2MBYTE MEMORY	套	2
2	1756-A13	13 SLOT CONTROLLOGIX CHASSIS　3 槽机架	套	2
3	1756-PA72	85-265 VAC POWER SUPPLY（5V @ 10 AMP）电源	套	2
4	1756-ENBT	CLX ETHERNET/IP 10/100 BRIDGE MODULE-TWISTED PR 以太网接口模块	套	2
5	1756-IB16	10-31 VDC INPUT 16 PTS（20 PIN）　16 点数字量输入模块	套	4
6	1756-OW16I	N. O. ISOLATED RELAY OUTPUT 16 PTS（36 PIN）　16 点继电器输出模块	套	2
7	1756-IF16	ANALOG INPUT-CURRENT/VOLTAGE 16 PTS（36 PIN）16 点模拟量输入模块	套	2
8	1756-OF4	ANALOG OUTPUT - CURRENT/VOLTAGE 4 PTS（20 PIN）4 点模拟量输出模块	套	2
9	MVI56-MCM	MODBUS INTERFACE CARD MODBUS 接口模块	套	1
10	1756-TBNH	20 POSITION NEMA SCREW CLAMP BLOCK　20 针端子模块	套	6
11	1756-TBCH	36 PIN SCREW CLAMP BLOCK WITH STANDARD HOUSING　36 针端子模块	套	4
12	1756-N2	EMPTY SLOT FILLER CARD（ONE FILLER PER PACKAGE）空槽盖板	套	5

下面对表 6-1 中所涉及的 PLC 模块做如下介绍。

1. CPU 模块

CPU 模块采用 Rockwell 公司的 1756-L61，共两块，分别插入两个 A13 框架的第 0 槽，不需接线。

2. 电源模块

电源模块采用 Rockwell 公司的 1756-PA72，共两块，分别外挂在两个框架上。该模块需接三根线：L1 接 220V 交流电源，L2/N 接零线，剩余一根接地线。

3. 1756-ENBT 模块

1756-ENBT 模块采用 Rockwell 公司的 1756-ENB 模块，共两块，分别插在首站 A13 框架的第 0 槽与末站 A13 框架的第 0 槽，以实现 PLC 间的以太网通信以及 PLC 与上位机的以太网通信。

4. 模拟输入模块

模拟输入模块采用 Rockwell 公司的 1756-IF16 模块，共 2 块，分别插在首站 A13 框架的第 6 槽与末站 A13 框架的第 5 槽。

5. 模拟输出模块

模拟输出模块采用 Rockwell 公司的 1756-OF4 模块，共 2 块，分别插在首站 A13 框架的第 7 槽与末站 A13 框架的第 6 槽。

6. 开关量输入模块

开关量输入模块采用 Rockwell 公司的 1756-IB16 模块，共 4 块，分别插在首站 A13 框架的第 3 槽、第 4 槽与末站 A13 框架的第 2 槽、第 3 槽。

7. 开关量输出模块

开关量输入模块采用 Rockwell 公司的 1756-OW16I 模块，共 2 块，分别插在首站 A13 框架的第 5 槽与末站 A13 框架的第 4 槽中。

8. MVI56-MCM 现场总线通信模块

插在首站 2 槽用于和压缩机进行通信，用以读取空气压缩机运行参数。

（五）PLC 程序设计

根据所要实现的功能及要求，PLC 程序的总体设计方案如图 6-1 所示。

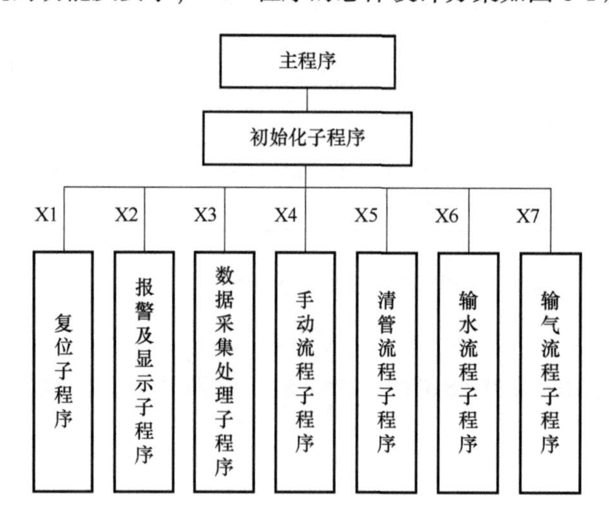

图 6-1 PLC 程序的总体设计方案图

下面将对主程序和各子程序进行简单介绍。

1. 主程序

在用软件编程时，需要建立一个主例程，而其他都是作为子例程被调用的。PLC 上电后，操作人员通过组态界面发出信号，调用子程序完成初始化，根据上位机发来的信号，调用不同的子程序。主程序流程如图 6-2 所示。

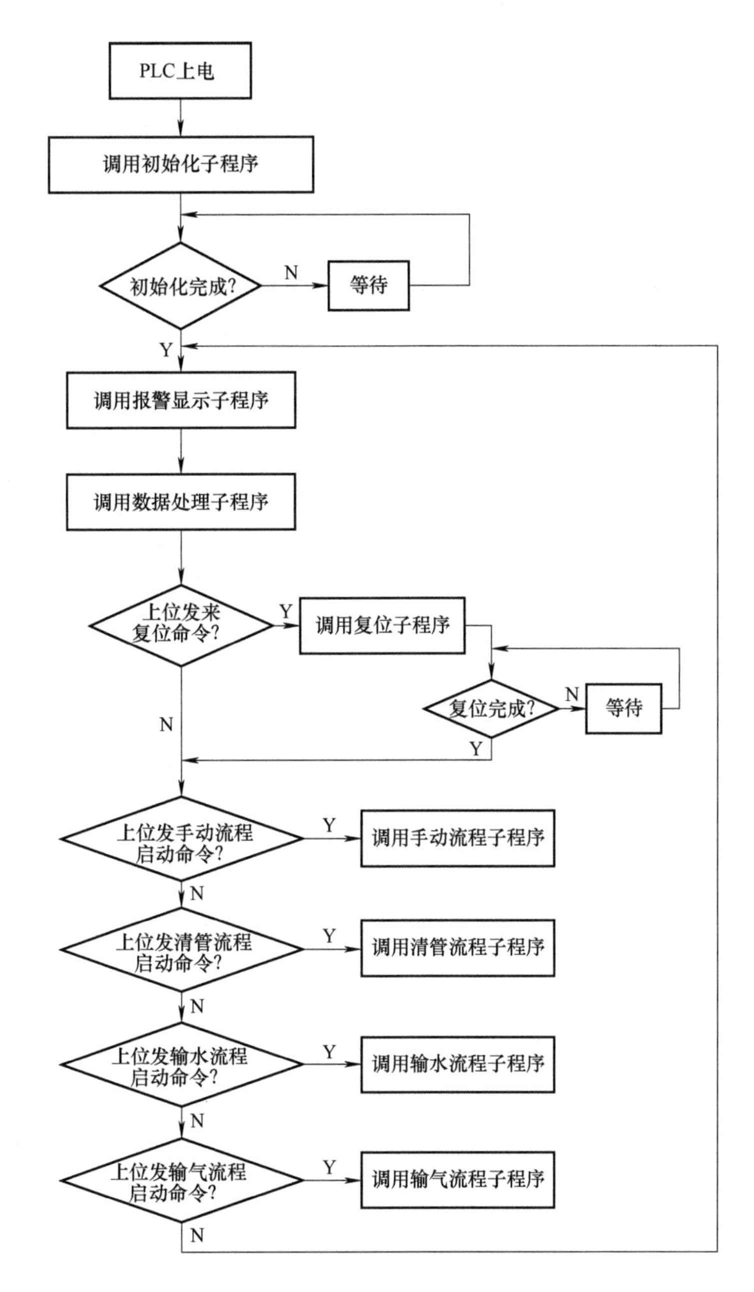

图 6-2　主程序流程图

2. 初始化子程序

初始化子程序流程如图 6-3 所示。

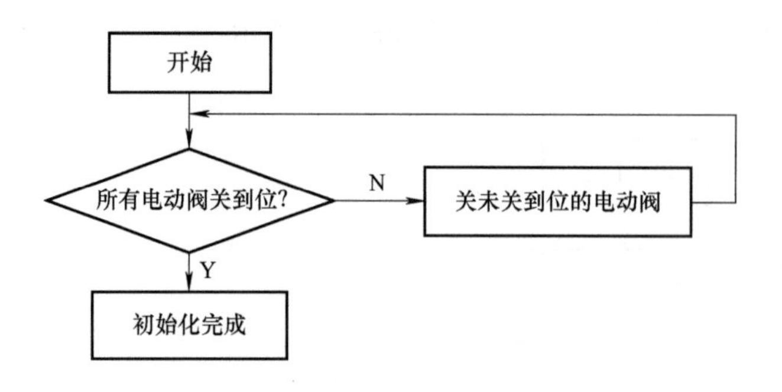

图 6-3　初始化子程序流程图

3. 复位子程序

当系统中出现故障时，发送报警信号，操作者启动复位按钮调用该子例程，关所有阀门，直至所有阀门复位。复位子程序流程如图 6-4 所示。

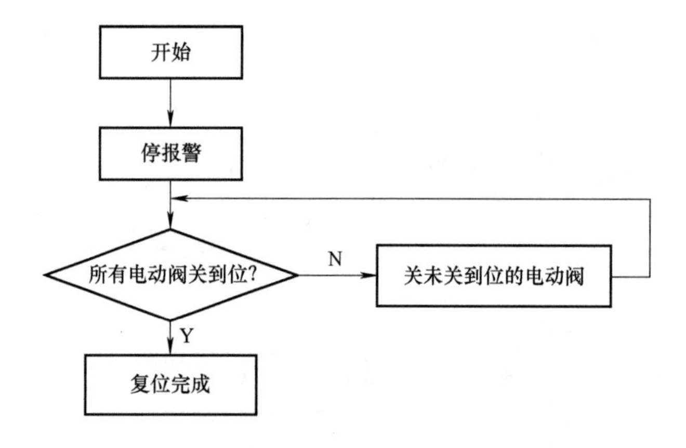

图 6-4　复位子程序流程图

4. 报警及显示子程序

报警及显示子程序流程如图 6-5 所示。

5. 输水流程子程序

输水流程流经的阀门有 201、202、402、412、403、404、411、209、208、207、204、203，在输水流程上述阀门处于打开状态，而其他阀门处于关闭状态，在所有阀门处于正确的状态之后，开泵，输水流程开始。输水子程序流程如图 6-6 所示。

6. 输气流程子程序

输气流程流经的阀门有 409、410、411、209、208、207、206、205，在输气流程上述阀门处于打开状态，而其他阀门处于关闭状态，在所有阀门处于正确的状态之后，开空气压缩机，输气流程开始。最后空气可以直接排到大气，没有任何污染。输气子程序流程如图 6-7 所示。

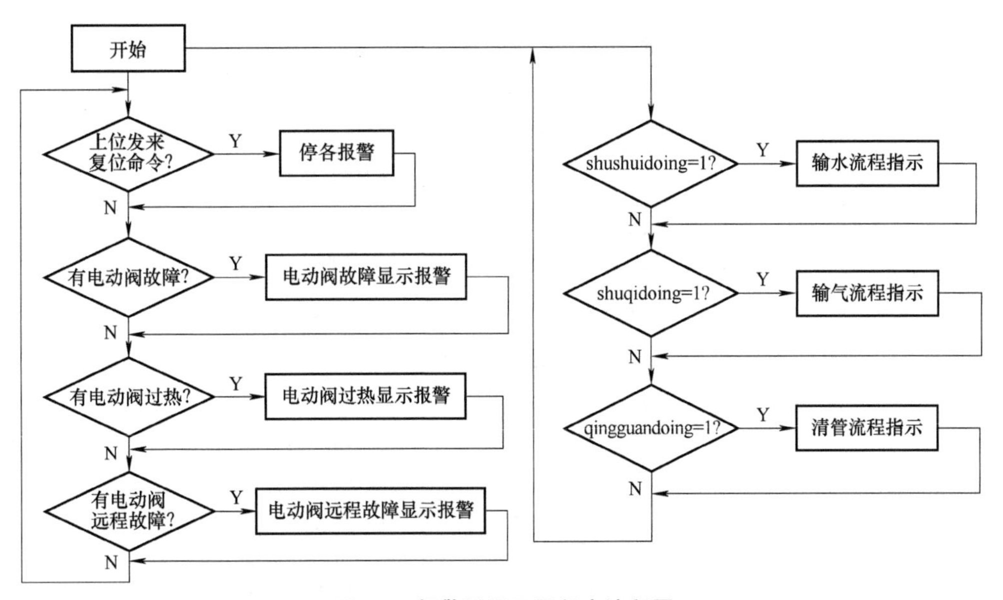

图 6-5　报警及显示子程序流程图

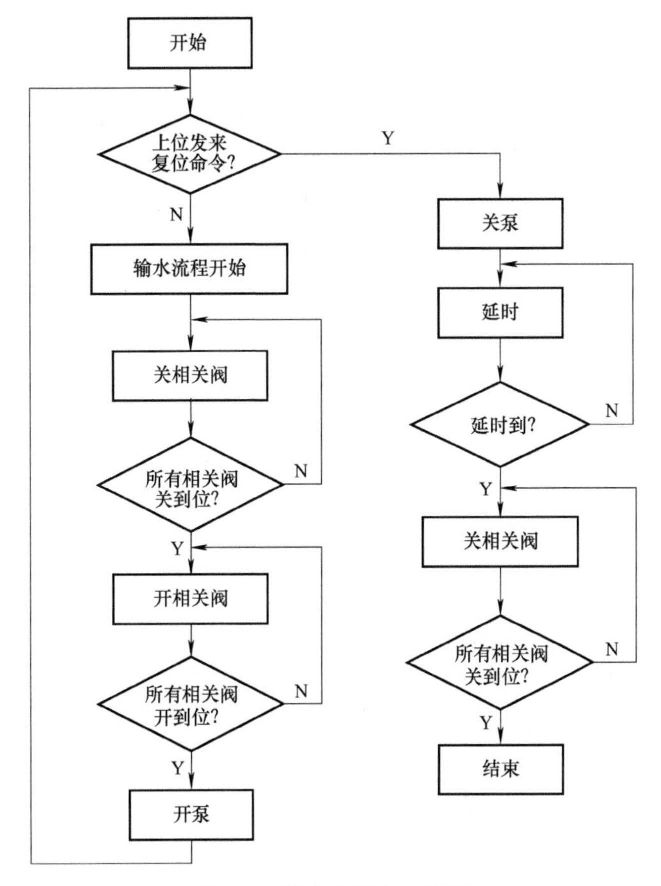

图 6-6　输水子程序流程图

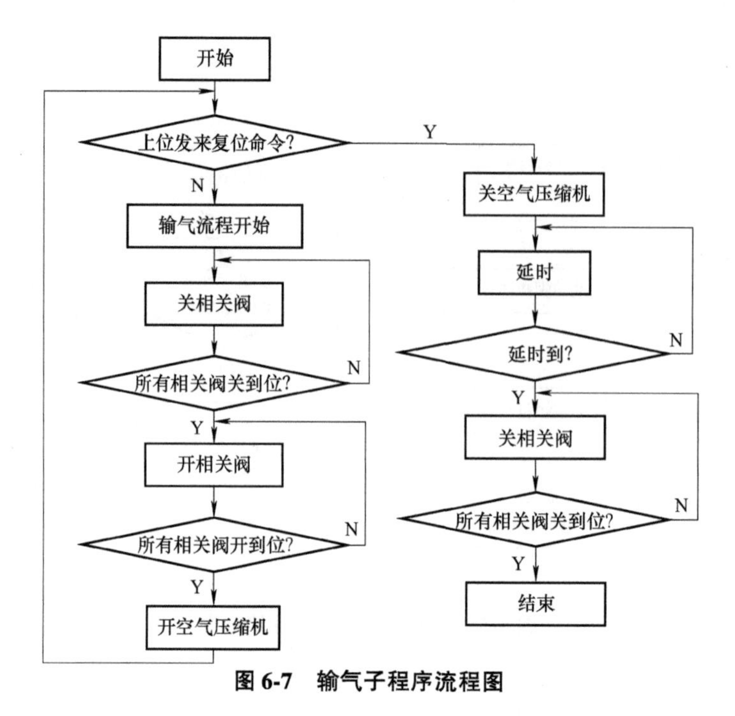

图 6-7　输气子程序流程图

7. 清管流程子程序

当输水流程要转为输气流程或者管内有脏水时，启动清管流程，清管时在阀 411 处放入一个清管球，开阀 409、410、207、211，关闭阀 404、204、206，开空气压缩机，推动管内脏水往前移，用空气将水压出来，通过手动球阀 211 排放到污水池，清管球最终从阀 209 取出。清管子程序流程如图 6-8 所示。

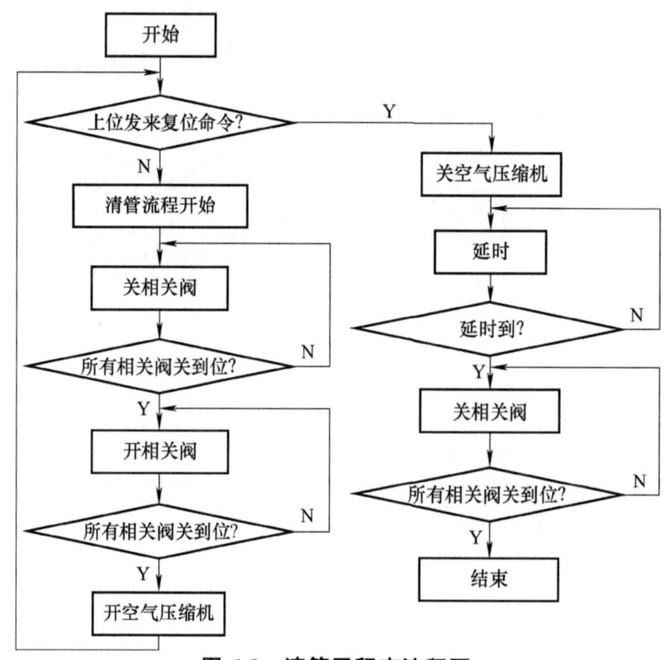

图 6-8　清管子程序流程图

第四节　我校自动化专业建设取得的成效

一、师资队伍建设成效

本专业高度重视师资队伍建设，近3年引进博士教师5人，在职教师1人获博士学位；选派7名优秀教师深入航天院所及地方企业挂职锻炼；鼓励青年教师开展科研合作与学术、技术交流。专业目前拥有专职教师25人，其中教授4人，副教授（或高级工程师）12人，拥有博士学位教师11人，形成了一支素质高、业务精、结构合理的优秀教师队伍。

在科研方面，近3年本专业教师新增科研立项46项，其中纵向课题14项，横向课题32项，课题总经费1046万元；发表科研论文42篇（其中中文核心及三大检索期刊论文28篇）；出版科研学术专著3部；授权发明专利11项。在教研方面，近3年本专业教师立项省级教研课题4项、校级教研课题8项，获批省级一流课程2门；发表各类教研论文22篇；出版教材1部、教研学术专著1部；获河北省首届普通本科高等学校课程思政教学竞赛一等奖1项、河北省高校教师教学创新大赛二等奖2项。

二、学生培养成效

通过开展以提升学生职业素养和创新能力为目标的学生创新能力培养研究改革与实践，我校自动化专业学生的理论水平、实践能力、创新能力均得到有效提升。下面从毕业生评价、用人单位评价等主观性指标和就业率、考研率、英语四六级通过率等客观性指标两方面介绍学生培养取得的成效。

（一）主观性指标

通过毕业生跟踪反馈、用人单位走访、调查问卷等方式对本专业毕业生培养质量进行了跟踪调查，具体措施及调查结果如下。

1. 毕业生跟踪反馈

对应届毕业生通过在校座谈，对往届毕业生通过走访调研、网络、电话访谈等形式对毕业生的基本情况进行了跟踪调查。调查内容涉及毕业生在校期间素质分析、择业情况、整体就业情况、毕业生对目前工作及岗位的评价等内容。

2. 用人单位走访

由学院组织相关人员走访用人单位，听取用人单位对毕业生的评价意见。走访结束后对问卷进行汇总分析，形成本专业的调查分析报告。

3. 调查问卷

向自动化专业应届毕业生、往届毕业生以及用人单位发放了调查问卷，以更好地了解学生培养质量和专业建设水平状况。向应届毕业生发放调查问卷 70 份，收回 69 份，调查结果显示对本专业毕业要求中涉及的 12 项核心能力能够很好或较为熟练掌握的应届毕业生的比例为 94%，掌握情况不理想的应届毕业生比例为 6%。向往届毕业生发放调查问卷 90 份，收回 85 份，调查结果显示，往届毕业生对本专业的教育教学工作的认可度为 95%。向 12 家用人单位发放了调查问卷，并对反馈的调研意见进行了分析，结果表明，各用人单位对本专业毕业生在专业知识掌握与职业素养方面的认可度达到了 100%。

毕业生跟踪反馈、用人单位走访、调查问卷等的调查结果表明，毕业生达到了本专业的人才培养目标，并在工作和进一步学习过程中表现出明显的竞争优势，不仅基础理论和专业知识扎实，有较强的分析问题和解决问题的能力，而且工作严谨认真，组织管理能力强，能够胜任与专业相关的技术和管理工作。此外用人单位十分认可本专业毕业生的职业道德水平、工作责任意识、专业知识水平、工程实践能力、解决问题能力、开拓创新能力、组织管理能力和社交沟通能力，并给予了“基础扎实、为人朴实、作风务实”的高度评价。

（二）客观性指标

本专业学生在全国电子设计竞赛、“挑战杯”全国大学生系列科技学术竞赛、全国大学生智能汽车竞赛等赛事中多次获得优异成绩，近 3 年获得省级以上比赛奖励 60 余项，英语四六级通过率近 60%，体测达标率达 100%，平均考研上线率 20%以上，多名毕业生被哈尔滨工业大学、西北工业大学、华北电力大学、武汉科技大学、浙江工业大学、上海电力大学等国内知名高校录取，2022 届毕业生考研录取率突破 30%。毕业生面向航空航天、工业控制、计算机应用及软件开发、仪器仪表设备制造等行业就业，多名学生被行业知名企业录取，连续多年就业率达 98%以上。

结语

从“大众创业，万众创新”以及五大发展理念中“创新”居于首位可以看出，创新在我国发展战略中占据着核心地位，如今创新已经成为影响国际竞争力的重要因素。本科院校作为培养人才的重要阵地，需要对现有的教育模式进行改进与优化，重视学生创新能力培养，致力于培养创新型人才，进一步提高创新人才质量。近些年，随着我国经济的迅猛发展和全球化进程的不断加快，社会与用人单位对自动化专业学生所必须具备的能力提出了更高的要求，不仅注重自动化专业学生理论知识与技能的熟练掌握，更看重自动化专业学生的创新能力。2015 年国务院颁布了《关于深化高等学校创新创业教育改革的实施意见》，其中明确指出本科院校应该对现有的创新人才培养机制进行完善，对创新创业教育课程体系进行优化。对于自动化专业来说，其面临着较大的人才需求，该专业育人质量对社会经济发展起到了关键的作用。因此，自动化专业应该响应国家的号召，积极利用各种资源，努力培养高质量、高素质的创新型人才，实现人才的有效输出，为地方经济发展和用人单位提供所需的人才。

参考文献

[1] 熊伟丽，陶洪峰，刘艳君，等．智能时代背景下的自动化新工科人才培养模式研究与实践［J］．大学教育，2022（10）：228-230.

[2] 张育林，王娜，张泽，等．新工科背景下大学生创新团队建设与能力培养的探索和实践［J］．高教学刊，2023，9（33）：55-59.

[3] 周鸽．互联网时代大学生创新创业能力提升阻碍及策略研究［J］．湖北开放职业学院学报，2023，36（21）：18-20.

[4] 邵波，史金飞，郑锋，等．新工科背景下应用型本科人才培养模式创新——南京工程学院的探索与实践［J］．高等工程教育研究，2023（2）：25-31.

[5] 关寿华，张萍，刘德弟，等．以物理实验竞赛培养大学生创新能力的研究［J］．科技风，2023（30）：10-11.

[6] 林洁如．新工科背景下大学生科技创新能力培养路径研究［J］．科技风，2023（30）：25-27.

[7] 万滨，蔡美婷．“新农科”背景下大学生创新创业能力培养环境探析［J］．南昌工程学院学报，2023，42（5）：88-92.

[8] 喻宏．基于大学生创新能力培养为导向的设计类专业教学改革实践研究［J］．江苏陶瓷，2023，56（5）：20-21+25.

[9] 赵硕．第二课堂与大学生创新创业能力培养［J］．管理工程师，2023，28（5）：76-80.

[10] 王惠．数字经济时代大学生创新创业能力培养路径探究［J］．投资与创业，2023，34（20）：13-15.

[11] 郑雅倩．地方本科高校大学生创新创业能力影响因素实证研究［J］．创新与创业教育，2023，14（5）：11-20.

[12] 刘晶．“互联网+”背景下大学生创新创业能力的培养［J］．人才资源开发，2023（20）：24-26.

[13] 王会兹．“互联网+”视域下大学生创新创业能力提升研究［J］．产业创新研究，2023（19）：181-183.

[14] 单宇航．创新教育视域下大学生创新创业能力提升路径［J］．人才资源开发，2023（19）：34-36.

[15] 汪霁．高校创新创业教育对大学生创业意愿的影响［J］．黑龙江科学，2023，14（17）：111-113.

[16] 刘畅．大学生创新创业能力协同培养的研究与实践［J］．创新创业理论研究与实践，2023，6（18）：60-62.

[17] 吴明，崔穆峰，訾博书，等．弹性学分制下民族院校大学生创新创业能力培养调查研究——以云南民族大学为例［J］．高教学刊，2023，9（26）：47-50.

[18] 刘亚宁．“互联网+”背景下大学生创新创业能力培养与实践策略［J］．人才资源开发，2023（17）：32-34.

[19] 周春霞，林华娟，杨震，等．新工科背景下食品类专业大学生创新创业能力的培养［J］．科技风，2023（25）：71-74.

[20] 高兴. 产教融合视域下大学生创新创业能力培养 [J]. 互联网周刊，2023 (17)：80-82.
[21] 马勇. 基于创新创业教育的大学生就业能力培养分析 [J]. 四川劳动保障，2023 (8)：43-44.
[22] 胡康兴，张鸣月，马子恒. 新时代大学生创新能力培养探究 [J]. 教学方法创新与实践，2023，6 (16) .
[23] 王国栋. 社团实践活动对提升大学生创新创业能力的影响 [J]. 黑龙江科学，2023，14 (15)：74-76.
[24] 刘洋. 知识共享赋能大学生创新能力提升研究 [J]. 国际公关，2023 (16)：143-145.
[25] 吴诗佳. 大数据背景下大学生创新创业能力培养的路径选择 [J]. 武汉船舶职业技术学院学报，2023，22 (4)：64-68.
[26] 刘洋，王晓伟. 基于知识共享的大学生创新能力培养策略 [J]. 创新创业理论研究与实践，2023，6 (16)：112-114.
[27] 平萍. 高校大学生创新创业管理体系构建与对策分析 [J]. 就业与保障，2023 (8)：118-120.
[28] 王华，江一山，庄佳. 大学生主动性人格、创新能力与创业能力的关系研究 [J]. 科技促进发展，2023，19 (Z2)：535-540.
[29] 苗鑫，施华伟，高宇峰，等. 课外学术科技活动视角下大学生创新能力培养路径探索 [J]. 河南化工，2023，40 (8)：63-65.
[30] 张立超，包先明，孙立强，等. 关于高校理工科本科生科研能力培养的实践探索 [J]. 商丘师范学院学报，2023，39 (9)：99-100.
[31] 史宝玉，邓永平，丁发. 科技竞赛助力大学生创新能力提升路径研究 [J]. 现代商贸工业，2023，44 (18)：138-140.
[32] 徐太海，秦姝冕，岳华，等. 基于大学生创新能力培养的案例教学实践 [J]. 安徽农学通报，2023，29 (14)：148-152，160.
[33] 占菲，宋琦. 机械设计制造及其自动化专业创新人才培养策略 [J]. 造纸装备及材料，2023，52 (6)：234-236.
[34] 李焕然. 双创时代的电气自动化专业实践课程改革研究 [J]. 哈尔滨职业技术学院学报，2023 (3)：55-57.
[35] 张炜，陈丙三，彭晋民，等. 融合创新能力评价的自动化制造系统课程教学法 [J]. 中国教育技术装备，2023 (9)：97-99.
[36] 李彦龙，贺业光，李秉硕，等. “项目为牵引、团队为核心”的大学生创新训练机制探索与实践 [J]. 高等工程教育研究，2023 (S1)：138-140.
[37] 雷辉，贺勇，唐欣. 自动化技术的创新教学模式实践 [J]. 电子技术，2023，52 (2)：133-135.
[38] 吉辉. 基于创新创业教育的大学生就业能力培养分析 [J]. 大学，2022 (19)：160-163.
[39] 刘亚. 试论高校第二课堂对大学生创新创业能力培养的积极作用 [J]. 大学，2022 (19)：173-176.
[40] 姚诗云，谢光奇，李涛. 浅析地方高校依托大学生科技类社团开展创新创业教育的对策 [J]. 华东科技，2022 (7)：119-121.
[41] 张丽芳，赵杏，吴瑾. 全员覆盖的大学生创新能力培养模式构建探索——以南京航空航天大学土木工程专业为例 [J]. 大学教育，2022 (7)：220-222.

[42] 陈孝柱，郭芷涵. 创新创业背景下大学生实践能力提升探究——以安徽省为例 [J]. 保山学院学报，2022，41 (4)：50-54.
[43] 仲云香. 应用型院校大学生创新创业能力培养的困境及应对 [J]. 中国成人教育，2022 (12)：32-35.
[44] 唐巍，张海燕. "互联网+" 背景下大学生体育创新创业能力研究——以普拉提运动为例 [J]. 科技资讯，2022，20 (14)：223-225.
[45] 赵宏龙，秦庆东，李娟，等. 工程教育模式下焊接专业本科生创新能力的培养实践探索 [J]. 贵州农机化，2022 (2)：46-49.
[46] 宋冰. 校企协同合作背景下应用型本科大学生创新创业能力培养策略研究 [J]. 产业创新研究，2022 (12)：151-153.
[47] 林继铭，张勇，黄身桂，等. 依托工程实践与创新能力竞赛的大学生工程素质教育 [J]. 中国教育技术装备，2022 (12)：146-148，156.
[48] 苏敏，赵云，靳家宝，等. 微信公众平台应用于大学生创新创业能力培育价值浅析 [J]. 商业文化，2022 (18)：142-144.
[49] 李海翔. 应用型高校大学生创新创业能力培养路径探究 [J]. 现代职业教育，2022 (25)：127-129.
[50] 王宏宇，刘莉. 新工科背景下地方高校创新人才培养模式研究——以自动化专业为例 [J]. 创新创业理论研究与实践，2023，6 (21)：85-88.
[51] 赵海静，门晓宇. 校企合作对大学生创新创业能力培养的研究 [J]. 金融理论与教学，2022 (3)：117-118.
[52] 郑红明. 高校对大学生创新创业能力影响和发展研究 [J]. 现代商贸工业，2022，43 (16)：85-86.
[53] 栾海清，薛晓阳. 大学生创新创业能力培养机制：审视与改进 [J]. 中国高等教育，2022 (12)：59-61.
[54] 宋广平，柏跃磊，姚永涛，等. 高校大学生创新训练课教学方法研究 [J]. 科教文汇，2022 (12)：78-81.
[55] 屈龙祥. 创新创业教育背景下高校培养大学生科技创新能力路径探究 [J]. 产业科技创新，2022，4 (3)：111-113.
[56] 宋冰. "互联网+" 背景下应用型本科大学生创新创业能力培养策略 [J]. 人才资源开发，2022 (11)：63-65.
[57] 张烈平，梁勇，李海侠，等. 校企合作培养大学生创新实践能力探索与实践——以桂林理工大学自动化专业为例 [J]. 大学教育，2022 (6)：210-212.
[58] 熊敏. 基于互联网的创新创业能力教育实践 [J]. 电子技术，2022，51 (7)：220-221.
[59] 王洪才，郑雅倩. 大学生创新创业能力测量及发展特征研究 [J]. 华中师范大学学报 (人文社会科学版)，2022，61 (3)：155-165.
[60] 肖四喜. 应用型本科院校大学生创新创业能力培养课程体系研究与实践 [J]. 科技视界，2022 (14)：158-160.
[61] 柴燕. 全国大学生工程训练竞赛对工科类专业大学生创新能力培养的作用与启示 [J]. 西部素质教育，2022，8 (9)：35-37.

[62] 刘凡，袁野，鄢国平. 地方高校材料类专业大学生创新能力培养模式的构建与实施 [J]. 当代化工研究，2022 (9)：132-134.
[63] 宋丹霞，秦陇一，刘芩. 大学生创新能力培养与专业教育融合对策分析——基于广州大学的调查 [J]. 大学教育，2022 (5)：216-219.
[64] 张颖. 新时代环境下大学生创新创业能力培养研究 [J]. 湖北开放职业学院学报，2022，35 (8)：1-2，12.
[65] 薛小旭，陈昌泽，谢敞发. 科研训练对大学生创新能力影响的调查研究 [J]. 科技与创新，2022 (8)：92-94.
[66] 汤可宗，冯浩. 地方高校大学生创新能力评价体系的建构与实践 [J]. 科技与创新，2022 (8)：124-128.
[67] 亢秀平. 以实践能力为导向的大学生学业评价体系改革与创新 [J]. 创新创业理论研究与实践，2022，5 (8)：182-184.
[68] 刘夏菡. 大学生创新创业能力研究 [J]. 西部素质教育，2022，8 (8)：4-7，22.
[69] 李旻桀. 如何提升大学生的创新创业能力 [J]. 人才资源开发，2022 (8)：58-59.
[70] 田小敏，杨忠，王逸之，等. 应用型高校自动化专业学生创新实践能力培养研究 [J]. 科技风，2022 (11)：22-24.
[71] 蒲成志，郭宇芳，李超，等. 本科生科研与创新能力培养 [J]. 中国冶金教育，2022 (2)：71-73.
[72] 王旭启，张莉，师韵. 工程大赛下大学生创新实践能力培养探讨 [J]. 计算机教育，2022 (4)：13-15，20.
[73] 野莹莹，张艳珠，付丽君. 大学生创新创业训练计划对提升自动化专业学生综合能力的促进探讨 [J]. 产业与科技论坛，2022，21 (7)：204-205.
[74] 潘瑾. 创新创业教育背景下机械制造与自动化专业实践教学改革探讨——以江苏海事职业技术学院为例 [J]. 科教文汇，2021 (20)：87-89.
[75] 石荣亮，赵天翔，张烈平. 培养自动化专业学生创新能力的实践与思考——以区级项目“便携式微型示波器”为例 [J]. 大众科技，2021，23 (3)：92-94.
[76] 陈诚，江炽. 工业4.0背景下自动化类学生院系工程型创新创业实践互动平台的实践探索 [J]. 科技传播，2021，13 (5)：149-151.
[77] 陈鹏飞，曾尚鹏，张舒翔，等. 创新创业竞赛对学生能力培养的作用分析——基于对沈阳工学院机械工程与自动化学院292名学生的调查研究 [J]. 产业创新研究，2021 (4)：126-128.
[78] 马双蓉. 新工科背景下电气工程及其自动化专业学生实践创新能力培养 [J]. 中国设备工程，2021 (4)：235-236.
[79] 吕继东，邹凌，陈岚萍，等. 视觉导向机器人与自动化专业学生创新能力培养的实践探索 [J]. 电气电子教学学报，2021，43 (1)：19-23.
[80] 王咏梅，樊振萍. 自动化专业学生创新实践培养体系探索 [J]. 仪器仪表用户，2021，28 (1)：111-112，72.
[81] 白智峰，刘继修，边海宁，等. 新时代智能制造与产教融合生态体系下高职电气自动化技术专业人才培养模式研究 [J]. 中国新通信，2020，22 (24)：157-158.
[82] 朱雅祺. 融媒体环境下的大学生创新能力培养研究 [D]. 乌鲁木齐：新疆师范大学，2019.

[83] 葛长娇. 大学生创新能力培养研究 [D]. 锦州：渤海大学，2021.
[84] 额尔敦吉如何. 当代大学生创新能力培养研究 [D]. 长春：长春师范大学，2017.
[85] 南东周. 高校理工类大学生创新能力培育研究——以山东大学为例 [D]. 济南：山东大学，2017.
[86] 王柏杨. 大学生创新能力培养研究 [D]. 锦州：渤海大学，2017.
[87] 朱强. 交叉学科视野下的大学生创新能力培养研究 [D]. 济南：山东大学，2017.
[88] 史洋玲. 我国大学生创新能力发展现状与培养研究 [D]. 合肥：安徽大学，2014.
[89] 苏玉荣. 大学生创新能力培养模式研究 [D]. 武汉：武汉理工大学，2013.
[90] 杨倩. 大学生创新能力结构与培养路径研究 [D]. 武汉：湖北大学，2013.
[91] 陈虹. 协同育人与创新发展 [M]. 北京：文化发展出版社，2017.
[92] 杨哲，肖尚军，张润昊. 创新思维与能力开发 [M]. 南京：南京大学出版社，2016.
[93] 张厚吉，帅相志. 高校科技创新的实践与发展取向 [M]. 北京：科学出版社，2009.
[94] 傅进军，等. 创新人才培养的教育环境建设研究 [M]. 北京：科学出版社，2011.
[95] 孙福全，王伟光，陈宝明. 产学研合作创新 [M]. 北京：科学技术文献出版社，2013.